零基础 学兽医

轻松学牛病防制

武果桃 主编

牛病防制入门，看这本就够了！

中国农业科学技术出版社

图书在版编目（CIP）数据

轻松学牛病防制 / 武果桃主编 .—北京：中国农业
科学技术出版社，2015.4
ISBN978-7-5116-1475-9

Ⅰ.①轻…　Ⅱ.①武…　Ⅲ.①牛病 – 防治
Ⅳ.①S858.23

中国版本图书馆 CIP 数据核字（2014）第 308827 号

责任编辑　张国锋
责任校对　贾晓红

出 版 者　中国农业科学技术出版社
　　　　　北京市中关村南大街 12 号　邮编：100081
电　　话　（010）82106636（编辑室）（010）82109702（发行部）
　　　　　（010）82109709（读者服务部）
传　　真　（010）82106631
网　　址　http：//www.castp.cn
经 销 者　各地新华书店
印 刷 者　北京富泰印刷有限责任公司
开　　本　880mm×1230mm　1 /32
印　　张　7
字　　数　200 千字
版　　次　2015 年 4 月第 1 版　2015 年 4 月第 1 次印刷
定　　价　24.00 元
◄━━━━ 版权所有·侵权必究 ►━━━━

编写人员名单

主　编　武果桃

副主编　郭世栋　宫彬彬

编写人员（按姓氏笔画排序）

　　　　牛　琛　牛国庆　申彦波　闫益波

　　　　李　乐　李　童　李连任　张悉路

　　　　张翔兵　武果桃　孟冬霞　宫彬彬

　　　　郭世栋　黄学家　魏玉荣

前　言

　　养牛业是我国畜牧业的重要组成部分，在国民经济中起着重要作用。随着养牛业高度集约化、规模化、自动化、半自动化饲养方式的发展，牛群疾病普遍发生，有些疾病发病率日益升高，给养牛业造成了极大的经济损失，影响养牛业的健康和可持续发展。

　　兽医专业性强、比较难学，尤其牛病发病原因复杂，诊断困难，本书针对牛病这些特点，以临床实用为原则来编写。全书共五章内容包括：牛的生物学特性及生长发育特点、牛病诊断基础与方法、牛病用药原则及常用药物、牛病治疗技术和牛常见病的防制，是兽医入门书。该书语言简单明了、通俗易懂，介绍的技术先进实用，具有简单易学的特点，全书既具理论性，又具实践性，对养牛业的发展将起到一定促进作用。本书可作为教学和科研人员的参考书，也可作为养牛业和牛病防制从业人员重要的工具书。

　　由于书稿编写时间仓促和编著者水平所限，书中难免存在缺点，甚至错误，敬请读者批评指正。

编者

2015 年 1 月

目 录

第一章 牛的生物学特性与生长发育特点

牛在动物分类上属脊索动物门、脊椎动物亚门、哺乳纲、真兽亚纲、偶蹄目、反刍亚目、牛科、牛亚科、牛族生物，包括牛属、水牛属和牦牛属。牛属反刍动物，具有多种经济价值，有乳用、兼用、肉用和役用的专门化品种。

第一节 牛的生物学特性

一、牛的外貌特征

各种用途的牛在外貌特征上有所不同。目前奶牛品种较多，中国奶牛主要品种有荷斯坦牛、娟姗牛、爱尔夏牛等。我国肉牛的主要优良品种有秦川牛、晋南牛、鲁西牛、南阳牛、延边牛、蒙古牛、皖南牛、中国西门塔尔牛、夏南牛 9 大品种及其他地方品种 14 种，引进肉牛品种有 21 种。兼用品种有西门塔尔牛、丹麦红牛、三河牛等。

荷斯坦牛的产奶量以及乳脂和乳蛋白产量在所有奶牛品种中都是最高的。我国荷斯坦牛是从国外引进的荷斯坦牛与我国黄牛杂交，经长期选育而成的，数量约占全国奶牛及改良牛的 60%。荷斯坦牛具有奶牛的一般特征，如发达的泌乳器官，皮薄骨细，被毛短细而有光泽，血管显露，肌肉不发达，皮下脂肪沉积不多，胸腹宽深，骨骼舒展，后躯和乳房十分发达，呈明显的细致紧凑型，外形清秀，从侧面、前面、上面

1

看均呈"楔形"。

中国荷斯坦牛的个体特征是毛色呈黑白花，花片分明，额部多有白斑，角尖呈黑色，腹底、四肢下部及尾梢呈白色，体格高大、结构匀称、头清秀狭长、眼大突出、颈瘦长而多皱褶，垂皮不发达。前躯较浅窄、肋骨开张弯曲，间隙宽大。背腰宽直，腰角宽大，尻长、平、宽，尾细长。乳房大，附着良好，分布匀称，乳井大而深。成年公牛体重平均 1 020 千克，体高 150 厘米；成年母牛体重 500~650 千克；初生犊牛重 35~45 千克。中国荷斯坦牛生产性能高、分布广、性情温顺、适应性强、易于管理，是我国奶牛饲养的首选品种（图 1-1、图 1-2）。

图 1-1　中国荷斯坦奶牛　　　　图 1-2　中国荷斯坦奶牛

西门塔尔牛是世界上分布最广与数量最多的乳、肉、役兼用品种之一，是世界著名的兼用牛品种。西门塔尔牛具有肉牛外貌特征：体躯低垂，皮薄骨细，全身肌肉丰满、疏松而匀称，属细致疏松型；全身具有丰厚的肌肉，理想的体型呈"长方砖"型，从前面、后面、侧面、上面看均呈矩形；在体型比例上，前后躯比较长，中躯较短，全身粗短紧凑，皮薄而软，皮下脂肪发达，被毛细亮而富有光泽；役牛皮厚骨粗，肌肉强大而结实，皮下脂肪不发达，全身粗糙而紧凑。

西门塔尔牛的个体外貌特征为：毛色红（黄）白花，花片分布整齐，头部呈白色或带眼圈，尾帚、四肢、肚腹为白色，角、蹄呈蜡黄色，鼻镜呈肉色。体躯宽深高大，结构匀称，体质结实，肌肉发达，被毛光亮，颈长中等，前躯较后躯发育好，成年公牛体重为 800~1 200

千克，母牛为 650~800 千克。西门塔尔牛具有较好的适应性，耐寒、耐粗饲，分布范围广（图 1-3、图 1-4）。

图 1-3　中国西门塔尔牛肉用品种　　图 1-4　中国西门塔尔牛肉用品种

二、牛的生活习性

（一）睡眠

牛的睡眠时间很短，平均每天只有 1~1.5 小时。

（二）群聚性

群聚是牛的生活习性，放牧时牛一般 3~5 头结帮活动。舍饲时 40% 以上的牛 3~5 头结帮合卧。牛群通常存在着经过争斗建立起优势序列的习性。

（三）感觉灵敏，记忆力强

公牛的性行为主要由视觉、听觉和嗅觉等所引起，并且视觉比嗅觉更为重要。公牛的记忆力强，对它接触过的人和事，印象深刻。

（四）对环境的适应性

牛是耐寒不耐热的动物，牛舍的防暑降温措施非常重要。水牛适应于低洼、潮湿地区；牦牛适应于高寒、海拔 3 000 米以上的高山草原地区。

（五）对外界刺激的反应性

牛的性情温顺，易于管理。但若经常粗暴对待，就可能产生顶人、踢人等恶癖。牛的鼻镜感觉最灵敏，套鼻环处更为敏感。牛对突然的意外刺激（异物、噪声等）有防御反射的特点，会引起恐惧，奶牛产奶量减少，公牛性活动抑制。

三、牛的食性和消化特点

（一）采食

牛是草食性反刍动物，主要采食植物的根、茎、叶和籽实。喜欢吃青绿饲料、精料和多汁饲料，其次是优质青干草、低水分青贮料，最不爱吃秸秆类粗饲料。

（二）消化特点

1. 咀嚼

牛采食速度快，食物在口腔内未经充分咀嚼磨碎即吞咽入胃。

2. 复胃消化

牛有瘤胃、网胃、瓣胃和皱胃4个胃。前3个胃无胃腺，第四胃有胃腺，能分泌消化液，其作用与单胃相同。牛胃容积大，占整个消化道70%左右。反刍类动物对粗纤维的消化率可高达50%~90%，所以，牛的日粮应以体积较大的青粗饲料为主。瘤胃微生物还能利用尿素等非蛋白氮，为宿主提供营养。

3. 反刍

牛在摄食时，饲料一般不经充分咀嚼，就匆匆吞咽进入瘤胃，在瘤胃中浸泡和软化，通常饲喂后经过0.5~1小时返回到口腔仔细地咀嚼，然后混入大量唾液，再吞咽入胃，这一过程称为反刍（图1-5、图1-6）。每次反刍的持续时间平均为40~50分钟，然后间歇一段时间再开始第二次反刍。一昼夜进行6~8次反刍，犊牛的反刍次数则更多。犊牛大约在生后第三周出现反刍，如果训练犊牛提早采食粗料，则反刍提前出现。

图1-5　牛反刍　　　　　　　　　图1-6　牛反刍

4.嗳气

嗳气是一种反射动作，由增多的瘤胃气体刺激瘤胃的感受器引起。在瘤胃微生物的发酵过程中，不断地产生大量气体，牛一昼夜可产生600~1 300升气体。其中，二氧化碳占50%~75%，甲烷占20%~45%。此外，还含有极少量的氨、氮和硫化氢等气体。这些气体有1/4被吸收到血液后经肺排出，微生物能够利用一小部分，其余靠嗳气排出。

5.食管沟反射

牛、羊等反刍动物有一条起于贲门、止于网瓣胃孔的食管沟。幼年犊牛在吮吸奶汁或液态料时，能反射性引起食管沟的蜷缩，使食管沟闭合成管状，使乳和液态料能够直接进入皱胃。因此，对幼年反刍动物而言，食管沟相当于食管的临时性延长，避免了流体食物进入未发育的前胃。随着动物生长，食管沟逐渐失去完全闭合的能力。

第二节　牛的生长发育特点及营养需要

一、牛生长发育的特点

（一）阶段性

牛生长具有阶段性，犊牛期特点是四肢高，后躯较前躯高，而坐骨骨骼发育较迟缓，腿长为成年牛的63%，尻高为57%，鬐甲高为

56%，胸宽为37%，坐骨宽为37%。初生犊牛自我调节机能较差，应激等因素对其影响较大，要特别加强护理。生长育成期牛的生长特点是体长、体深、体宽的发育强度大，以鬐甲高为100%，则尻高增长99%，坐骨结节增长200%。体高属于早期生长部位，体长、体深次之，宽度特别是后躯宽度是较晚生长的部位。牛体各部位及体组织发育强度顺序见表1-1。

表1-1　牛各部位及体组织发育强度顺序

强度顺序	1	2	3	4
部位	头	颈和四肢	胸部	腰部
组织	神经	骨骼	肌肉	脂肪
骨骼	管骨	胫骨（排骨）	股骨	骨盆
脂肪	肾脂肪	肌肉间脂肪	皮下脂肪	肌肉内脂肪

牛的发育规律除体型、体长的规律变化外，牛与单胃动物的区别主要体现在消化器官上。瘤胃在犊牛初生时容积很小，加上网胃仅占4个胃总容积的1/3，10~12周龄时占67%，4月龄时占80%，1.5岁时占85%，基本完成了反刍胃的发育。犊牛在1~2周龄时基本不反刍，同单胃动物，3~4周龄才开始反刍，4个胃中只有第四胃（真胃）才能分泌消化液。牛瘤胃容积比例变化见表1-2。

表1-2　牛瘤胃容积比例变化

年龄	第一胃+第二胃（%）	第三胃+第四胃（%）
初生	33	67
10~12周龄	67	33
4月龄	80	20
1~1.5岁	85	15

（二）不平衡性

牛的生长发育还有不平衡性的特点，体高属于早期生长部位，体长、体深次之，体宽特别是后躯宽度是后期生长的重点。生长后期，牛体内脂肪沉积较快，所以科学的饲养管理必须根据牛的生长规律和营养需要进行，以发挥最大的生产性能。

（三）性成熟与初配年龄

达到性成熟的年龄，因牛的品种、性别、营养、饲养管理、环境及个体间的差异而不同。如黄牛比水牛的性成熟早，培育品种的性成熟期比原始品种早。牛初配时的体重应达到成年体重的70%。如果年龄已达到而体重尚未达到时，初配年龄则应适当推迟；如果体重已达到初配标准，而年龄尚未达到时，则可适当提前。

（四）妊娠及分娩

母牛从受精到分娩孕育胎儿的全过程称为妊娠。妊娠期的长短主要由遗传因素决定，也因母牛品种、年龄（胎次）、胎儿头数、性别、环境因素等不同而有所差异。一般青年牛的妊娠期比成年、老年牛稍长；怀公犊比怀母犊长；怀双胎比怀单胎的妊娠期稍长。黄牛的妊娠期一般为270~285天，平均280天；水牛的妊娠期为300~348天，平均330天；牦牛的妊娠期为226~289天，平均255天。

牛在产前半个月开始出现分娩预兆（体温、外阴部变化等）。牛分娩时，子宫阵缩，将胎儿和胎水推入子宫颈，迫使子宫颈张开，向产道开口，最后胎儿从子宫内经产道排出，胎儿产出后5~8小时，最长12小时，胎衣即排出。

（五）免疫

免疫系统的生物学功能是对抗原物质发生免疫应答，使机体通过免疫防护、免疫自稳和免疫监视三大机制适应多变的外环境，并保持内环境的平衡与稳定。牛具有巧妙而复杂的免疫系统，主要由中枢免疫器

官、外周免疫器官以及各种免疫活性细胞组成。中枢免疫器官是免疫细胞生成、成熟的场所，牛的中枢免疫器官包括骨髓和胸腺；外周免疫器官是成熟淋巴细胞定居的场所，也是这些细胞接受抗原刺激、发生免疫应答的部位，主要包括淋巴结、脾脏和其他弥散的淋巴组织。

二、牛的营养需要

牛对各种营养物质的需要，因其品种、年龄、性别、生产目的、生产性能的不同而有所差异。奶牛的营养需要包括能量需要、蛋白质需要、粗纤维需要、矿物质需要、维生素需要和水的需要。

（一）能量需要

能量是动物维持生命活动或生长、繁殖、生产等所必需的。牛的能量主要来自碳水化合物，瘤胃是碳水化合物消化的主要部位。与单胃动物不同，碳水化合物在牛瘤胃中被微生物分解产生挥发性脂肪酸（主要是乙酸、丙酸、丁酸）、二氧化碳、甲烷等。挥发性脂肪酸被胃壁吸收，一部分进入肝脏，另一部分吸收后直接输送到体组织，作为牛能量的主要来源或构成体组织的原料。二氧化碳、甲烷等气体随嗳气排出。

（二）蛋白质需要

瘤胃是牛的蛋白质营养主要活动场所。进入瘤胃的饲料蛋白质，约有 60% 被微生物蛋白酶作用、氨解作用分解为氨基酸及氨，氨基酸被细菌吸收成为菌体蛋白；小部分饲料蛋白经纤毛虫作用变成动物蛋白。两种蛋白有少量被瘤胃壁吸收进入血液，大部分随未消化的蛋白质一起进入真胃和肠，在胃蛋白酶、肠蛋白酶的进一步消化下，成为氨基酸，由肠壁吸收。

饲料中粗蛋白质在瘤胃中分解产氨，一是被瘤胃微生物利用，构成菌体蛋白，在真胃及小肠中被消化、吸收；二是被瘤胃壁吸收进入血液，在肝中合成尿素，一部分经肾随尿排出体外，另一部分尿素经血液进入唾液腺中，以唾液的形式进入口腔，在采食和反刍时进入瘤胃，这样周而复始，循环不已，这种现象称为瘤胃的氮素循环；三是随食糜进入真胃和小肠，由胃、肠吸收，也进入肝，一部分经肾随尿排出，另一部分随唾液进入瘤胃，参与氮素循环。

（三）脂肪需要

脂肪被牛摄入后，在微生物脂解酶的作用下迅速水解释放出游离脂肪酸和甘油，脂肪在瘤胃的水解很彻底，几乎没有什么中间产物产生。

（四）矿物质需要

矿物质是牛体组织的重要组成部分。按各种矿物质在动物体内的含量不同，可分为常量元素与微量元素。常量元素是指占动物体重的 0.01% 以上的元素，包括钙、磷、镁、钾、钠、氯、硫等元素；微量元素则指占动物体重的 0.01% 以下的元素，主要包括铁、铜、锌、锰、碘、钴、硒等元素。当某种必需元素缺少或不足时，则导致机体物质代谢严重障碍，并降低生产力，甚至导致死亡，但必需元素过量也会引起机体代谢紊乱。

（五）粗纤维需要

纤维含量高的粗饲料具有一定的硬度，刺激瘤胃壁，促进瘤胃蠕动和正常反刍，从而增加牛采食和反刍时间，使瘤胃环境 pH 值保持在 6~7，保证瘤胃内细菌正常繁殖和发酵。

（六）维生素需要

维生素是保持牛正常代谢所必需的，维生素具有参与代谢、免疫和基因调节等多种生物学功能，对牛的健康、繁殖、生产具有重要意义。严重缺乏会导致各种具体的缺乏病，长期临界缺乏则使动物的生产表现与健康达不到最佳水平。

（七）水的需要

水是牛的重要营养素，所有生命活动均需要水的参与，如营养物质在细胞内外的转运、养分的消化与代谢、废弃物的排出、热量的散发、维持机体的体液和离子平衡以及为胚胎发育提供体液环境等，机体损失的水超过 20% 就会有生命危险。

三、牛的主要组织器官

（一）运动系统

运动系统由骨、骨连结和骨骼肌组成。全身骨借骨连结形成骨骼，在维持体型、保护脏器和支持体重等方面起着重要作用。骨骼肌附着于骨。

1. 骨骼

骨主要由骨组织构成，坚硬而富有韧性，有丰富的血管和神经，能不断地进行新陈代谢。骨基质内有大量钙盐和磷酸盐沉积，是牛体的钙、磷库。骨髓还有造血和防卫功能。

全身骨可分为中轴骨、四肢骨和内脏骨。中轴骨位于畜体正中线上，构成畜体的中轴，包括躯干骨和头骨。四肢骨包括前肢骨和后肢骨。内脏骨位于内脏器官或柔软器官内。

2. 肌肉

肌肉能接受刺激发生收缩，是机体活动的动力器官。根据其形态、机能和位置可分为 3 种类型，即平滑肌、心肌和骨骼肌。平滑肌主要分布于内脏和血管；心肌分布于心脏；骨骼肌主要附着在骨骼上，它的肌纤维在显微镜下呈明暗相间的横纹结构，故又称横纹肌。骨骼肌收缩能力强，受意识支配，所以也叫随意肌。

（二）消化系统

从口腔到肛门之间的消化道及其附属器官统称为消化系统。消化系统的功能是摄食、消化、吸收和排粪，以保证机体新陈代谢的正常进行。首先从外界环境摄取食物，经物理、化学和微生物的作用，分解成可吸收的分子小、结构简单的物质（即消化），再使消化管内结构简单的营养物质通过管壁进入血液和淋巴（即吸收），变成机体的养分，最后把残渣（粪便）排出体外。

消化系统由消化管和消化腺两部分组成。消化管是食物通过的管道，包括口腔、咽、食管、胃、小肠、大肠和肛门。消化腺为分泌消化液的腺体，包括壁内腺和壁外腺。前者分布于消化管壁内，如胃腺、肠腺，后者位于消化管外，如大唾液腺、肝和胰，其分泌物通过腺管输入消化管。

口腔为消化管的起始部，有采食、吸吮、咀嚼、尝味、吞咽和泌涎等功能。口腔可分为口腔前庭和固有口腔两部分。口腔前庭为唇、颊和齿弓之间的空隙；固有口腔是齿弓以内的部分，舌位于其内。齿是体内最坚硬的部分，嵌于颌前骨和上、下颌骨的齿槽内，呈弓形排列，称为齿弓。齿有摄取和咀嚼食物的功能。齿在出生前和出生后逐个长出，除后臼齿外，其余齿到一定年龄时按一定顺序更换一次。更换前的齿为乳齿，更换后的齿为永久齿或恒齿。在实践中，常根据齿出生和更换的时间次序来估测牛的年龄。口腔中的唇、舌、齿通过颌部和头部的肌肉运动发挥采食和反刍咀嚼功能。

食管是食物通过的管道，由黏膜、黏膜下组织、肌织膜和外膜四层构成。黏膜平时收缩集拢成纵褶，当食物通过时，管腔扩大，纵褶展平。黏膜下组织很发达，含有丰富的食管腺，分泌黏液，有利于食团通过。肌织膜均由横纹肌构成，较薄，主要分为内环肌、外纵肌两层。外膜在颈部为疏松结缔组织，在胸、腹部为浆膜。

胃位于腹腔内，在膈和肝的后方，是消化管的膨大部，具有暂时贮存食物、进行初步消化和推送食物进入十二指肠的作用。牛的胃是多室胃，可分为瘤胃、网胃、瓣胃和皱胃四个室。前3个室合称为前胃，黏膜内无腺体。皱胃又叫真胃，黏膜内有腺体。瘤胃是成年牛最大的一个胃，约占四个胃总容积的80%。瘤胃具有贮存、加工食物，参与反刍和进行微生物消化等功能。网胃最小，成年牛的网胃约占4个胃总容积的5%，略呈梨形，前后稍扁，网胃对饲料进行微生物消化，也参与反刍活动。瓣胃占成年牛4个胃总容积的7%~8%，呈两侧稍扁的球形。食糜因含有大量的微生物，在瓣胃可继续进行微生物消化，同时，瓣胃可吸收水分和低级脂肪酸等。皱胃占胃总容积的7%~8%，呈前端粗、后端细的弯曲长囊形，皱胃的功能与单室胃相似。

小肠为细长的管道，前端起于皱胃幽门，后端止于盲肠，可分为十二指肠、空肠和回肠3部分。牛小肠约40米，直径5~6厘米，均位于腹腔的右侧，通过总肠系膜附着于腹腔背侧壁。小肠是消化吸收的主要部位。小肠长而且可分泌多种消化液，随食糜带进的消化酶，把食糜中大分子的营养物质（包括微生物本身的营养物质）分解成可吸收的小分子物质，而这些物质通过滤过、扩散、渗透和主动转运等不同形式被小肠吸收，进入血液或淋巴。同时小肠通过运动把食糜中未被吸收的部分输送到大肠。

大肠长6~10米，位于腹腔右侧和骨盆腔，管径比小肠略粗，肠壁不形成纵肌带和肠袋。大肠可分为盲肠、结肠和直肠。牛大肠可消化和吸收食糜中未被小肠消化和吸收的盐类和水分，形成粪便。盲肠是除瘤胃外微生物发酵的另外一个场所。

肛门是肛管的后口，为消化管末端，开口于尾根下方。

（三）呼吸系统

牛呼吸系统包括鼻、咽、喉、气管、支气管和肺等器官及胸膜和胸膜腔等辅助装置。鼻、咽、喉、气管和支气管是气体出入肺的通道，称为呼吸道，是由骨或软骨作为支架，围成开放性管腔。肺是气体交换的器官，由许多薄壁的肺泡构成。

（四）循环系统

牛的循环系统由心脏、动脉、毛细血管和静脉构成。心脏是血液循环的动力器官。血液由左心室泵出，经主动脉及其各级动脉分支将胃、肠吸收的营养物质和肺吸收的氧气及内分泌细胞分泌的激素运输到全身各部，通过毛细血管、静脉将全身各部的代谢产物运回到右心房称体循环（亦称大循环）。血液由右心室泵出，经肺动脉、肺毛细血管、肺静脉回到左心房称肺循环（亦称小循环）。

牛的心脏是牛体内推动血液沿血管循环的中空肌质性器官，呈左、右稍扁的倒圆锥体，外有心包。心脏的外形可分为心耳、心室、心尖和心底，表面有4条沟（冠状沟、圆锥旁室间沟、窦下室间沟和中间沟）。

（五）泌尿系统

牛体代谢过程中产生的最终产物和多余的水分，小部分是通过肺、皮肤和肠道排出体外，大部分（尿素、尿酸、肌酐等）形成尿液后排出体外。因此，泌尿系统是重要的排泄系统。泌尿器官还具有调节体液、维持电解质平衡等作用。

泌尿系统包括肾、输尿管、膀胱和尿道。肾是生成尿液的器官。输尿管为输送尿液入膀胱的管道。膀胱为暂时贮存尿液的器官。尿道是尿液排出体外的通道。

牛肾由被膜和实质构成。被膜为致密结缔组织。实质由若干肾叶组成，每个肾叶可分为外部的皮质和内部的髓质。肾皮质富含血管，新鲜时呈棕红色，主要由肾小体和肾小管构成。肾小体由肾小球和肾球囊组成。肾小球为毛细血管球，具有较强的通透性。肾髓质色较淡，由若干肾锥体构成。肾锥体的尖端指向肾窦，形似乳头，称肾乳头，乳头上有乳头管开口。肾髓质内包含有小部分肾小管（髓袢）、集合管和乳头管。从乳头管排出的液体称终尿。输尿管起始端在肾窦中分为两条集收管，即肾大盂。集收管分出若干短支，每一短支再分出几个肾小盂，包住每个肾乳头。

输尿管是把肾脏生成的尿液输送到膀胱的细长管道，左、右各一。膀胱是贮存尿液的器官，略呈梨形，前端钝圆为膀胱顶，突向腹腔；后端逐渐变细称膀胱颈，与尿道相连。尿道是尿液从膀胱向外排出的管道。公牛的尿道很长，因兼有排精作用，又称尿生殖道。母牛的尿道很短，在阴道腹侧沿骨盆腔底壁向后延伸，尿道外口开口于阴道前庭的腹侧、阴瓣的后方。

（六）生殖系统

生殖系统的主要功能除产生生殖细胞外，还可分泌性激素，维持动物的第二性征。生殖器包括雄性生殖器和雌性生殖器。雄性生殖器由睾丸、附睾、输精管、雄性尿生殖道、副性腺、阴茎、包皮和阴囊等组成；雌性生殖器由卵巢、输卵管和子宫、交配器官及阴道、尿生殖前庭

和阴门等组成。

（七）神经系统

神经系统是动物体内起主导作用的调节机构，包括中枢神经系统和外周神经系统。神经系统接受体内和体外的刺激，通过脑和脊髓各级中枢的整合，再经周围神经控制和调节机体各个系统的活动。一方面使机体适应外界环境的变化，另一方面也调节着机体内环境的相对平衡，保证生命活动的正常进行。

神经系统主要由神经组织组成，神经组织包括神经细胞和神经胶质。神经细胞具有感受刺激和传导冲动等功能。神经胶质是神经系统的辅助成分，起支持、营养和保护作用。

牛脊髓由胚胎时期的神经管后部发育而成，具有节段性，是中枢神经系统的低级部分。脊髓是躯干与四肢的初级反射中枢，与脑的各级中枢联系密切，是神经冲动的传导通路，正常情况下，脊髓的活动都是在脑的控制下进行。

牛脑由胚胎时期的神经管前部发育而成，是神经系统的高级中枢，机体内的许多活动都是在脑的控制下而完成的。脑位于颅腔内，形态不规则，表面凹凸不平，根据外部形态和内部结构特征可区分为延髓、脑桥、中脑、间脑、大脑和小脑。

（八）内分泌系统

内分泌系统是机体内的一个重要的功能调节系统，对畜体的新陈代谢、生长发育和繁殖等起着重要调节作用。各种内分泌腺的功能活动相互联系和相互制约，它们在中枢神经系统的控制下分泌各种激素，激素又反过来影响神经系统的功能，从而实现神经体液调节，维持机体的正常生理活动，保持内环境的动态平衡，以适应外界环境的变化。

内分泌系统包括内分泌腺和内分泌组织。内分泌腺指结构上独立存在、肉眼可见的内分泌器官，如垂体、松果体、肾上腺、甲状腺和甲状旁腺等。内分泌组织是指散在于其他器官之内的内分泌细胞团块，如胰腺内的胰岛、睾丸内的间质细胞、卵巢内的卵泡细胞及黄体等。此外，体内许多器官兼有内分泌功能，包括神经内分泌、胃肠内分泌、肾内分泌、胎盘内分泌等。前列腺等许多器官还分泌前列腺素。

内分泌腺分泌的激素，通过毛细血管和毛细淋巴管进入血液循环，然后被转运到全身各处，作用于靶器官或靶细胞。某种激素只对特异的器官或细胞起作用，这些器官或细胞称为靶器官或靶细胞。有的内分泌腺只分泌一种激素，有的可分泌几种激素。内分泌腺在结构上的共同特点是：腺细胞排列呈索状、块状或泡状，血管丰富。

第二章 牛病诊断基础与方法

第一节 牛病诊断的基本方法

临床检查是诊断牛病最基本的方法，最常用的方法有问诊、视诊、触诊、听诊、叩诊和嗅诊。

一、常规检查方法

（一）问诊

是向饲养员询问了解有关病牛的发病情况，通过询问病情而诊断疾病的方法（图2-1）。问诊内容主要包括以下3方面。

图2-1 问诊

1. 发病经过及诊疗情况

了解病牛的发病时间、发病头数、主要症状以及诊疗情况等。包括是否进行过诊断性治疗，曾诊断为何种病，用药情况、治疗多长时间、效果如何等，可作为诊断和用药参考。

2. 饲养管理情况

了解草料（种类、来源、品质、调制、饲喂方法、配合比例等）、饲养方法及最近有无改变等情况。如草料单一，容易患代谢性疾病；草料质量不好或饮喂方法不当，易患胃肠疾病；霉变饲料易引起中毒症等。同时还应了解圈舍的保温、通风、防暑、光照条件以及厩舍及牛体卫生条件等。

3.既往病史

包括过去发病治愈等情况，以及本地区疫源和疫情等，如果病牛是新购进的，要了解购进地有无疫病流行，结合检查，可考虑是否有传染病以及帮助诊断病因。

（二）视诊

视诊就是用肉眼观察病牛的状态，直观地了解诊断疾病（图2-2）。视诊是临床上最常用、最简单、最实用、往往也是最有价值的检查疾病的方法。

内容主要包括：观察动物全身状态，如营养、精神、姿势、被毛、腹围等；注意有无某些生理活动异常，如呼吸运动、反刍、排尿排粪动作、排粪量以及体表各部分及口、鼻等情况；如皮肤颜色及有无出汗，体表有无创伤和肿胀，可视黏膜的颜色和有无水疱、溃疡，内眼角、鼻腔、阴门等有无分泌物等。

 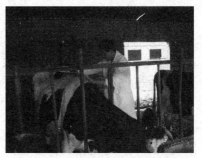

图2-2　视诊　　　　　　　　图2-3　触诊

（三）触诊

即利用手指、手掌或拳头对牛体某部位进行病变检查（图2-3）。以手或手背感觉牛体表温度、湿度及肌肉张力、脉搏跳动等；以手指进行加压或揉捏，判断局部病变或肿物的硬度；以刺激为手段，判断牛的

敏感性。触诊可感觉到的病变性质，主要有如下几种。

1. 捏粉样

感觉稍柔软，如压生面团样，指压留痕，除去压迫后慢慢平复，见于组织间发生浆液性浸润时，如皮下水肿。

2. 波动性

柔软有力，指压不留痕，行间歇压迫时有波动感，见于组织间有液体滞留且组织周围弹力减弱时，如血肿、脓肿等。

3. 坚实

感觉坚实致密，硬度如肝，见于组织间发生细胞浸润时（如蜂窝织炎）或结缔组织增生时。

4. 硬固

感觉组织坚硬如骨，见于骨瘤。

5. 气肿性

感觉柔软稍具弹性，并感觉有气体向邻近组织逃窜，同时可听到有如在耳边捻发音，见于组织间有气体集聚时，如皮下气肿、气肿疽、恶性水肿等。

（四）听诊

应用听诊器通过听取牛体心、肺、喉、气管、胃肠等器官发出的音响推断内部器官的病理改变（图2-4），常用于功能检查。听诊可分为直接听诊和间接听诊。前者常用于咳嗽、气喘、磨牙等的检查；后者应用较多，特别是心、肺及胃肠音响的检查。间接听诊常与叩诊结合应用，以判定被检查器官是否膨大或移位，以及与其他器官的界限。

（五）叩诊

即用手指、小叩击锤、叩击板叩打牛体某一部位，根据所产

图2-4　听诊

生的音响的性质，以推断被叩打
的组织和深部器官有无病理改变
的一种检查方法（图2-5）。

叩诊按是否使用器械分为直
接叩诊和间接叩诊。

间接叩诊法包括手指叩诊法
和槌板叩诊法。

叩诊音，根据被叩诊组织是
否含有气体，分为清音（含气组

图2-5　叩诊

织振动时发出的声音）、浊音和钢管音。广义的清音包括正常的肺叩诊
音、鼓音和过清音3种；狭义的清音仅指正常肺叩诊音而言。广义的浊
音包括相对浊音（半浊音）和绝对浊音（浊音或实音），钢管音是皱胃
变位后叩诊出现的声音。一般肺部为清音；肌肉、肝脏、心脏为浊音；
肝边缘为相对浊音区（半浊音）；瘤胃鼓气时为鼓音。

（六）嗅诊

嗅诊又叫闻诊，是借助嗅觉对动物分泌物、排泄物和呼出的气体
及皮肤气味进行辨别的诊断方法
（图2-6）。用嗅觉判别牛患病的
情况比较普遍，也有助于病原微
生物的种类鉴别。如尿毒症，皮
肤和汗液带有尿味；酮血病时，
牛呼出气体、汗液或排出的尿液
有芳香甜气味等；大肠杆菌感染
的脓汁常有粪臭味；绿脓杆菌感
染的脓汁呈绿色带腐草臭；厌气
菌感染的脓汁一般具有奇臭味。

图2-6　嗅诊

二、临床检查程序

临床检查程序也叫临床检查方案，是指在临床上，按照一定的顺

序，有系统、有目的地对病牛进行全面检查，是避免遗漏主要症状和产生误诊的有效手段。因为造成误诊的原因，往往是由于这样或那样的项目漏检所致。在临床实践工作中，对病牛一般按照下列顺序进行检查。

（一）病牛登记

病牛登记的主要内容包括：病牛所在牛舍号、名称、耳号、年龄、特征、发病日期、初诊日期、诊疗用药情况等。

（二）病史调查

包括疾病史、生活史调查。疾病史主要调查发病时间、病后表现、过去是否患过同样疾病，附近相邻牧场有无类似疾病发生，以及治疗情况。生活史包括饲养管理情况、防疫卫生制度贯彻情况等。

（三）一般检查

一般检查的内容包括病奶牛全身状态、被毛及皮肤状态、眼结膜及可视黏膜、体表淋巴结以及体温、脉搏和呼吸次数的检查。

（四）系统检查

包括对牛循环系统、呼吸系统、消化系统、泌尿系统、神经系统、运动系统、乳房检查及病料检查等。

第二节　牛病的临床检查

一、一般检查

（一）全身状态的观察

观察病牛的全身状态，包括精神状态、发育情况、营养状况、体格、姿势与步态等（图2-7）。

1. 精神状态

主要观察病牛的神态，根据其耳的运动、眼的表情及各种反应、举动而判定。正常时中枢神经系统的兴奋与抑制两个过程保持动态的平衡。正常牛反应机敏、灵活，精神异常可表现为抑制或兴奋。抑制状态主要见于热性病、重症病牛及某些脑病与中毒。兴奋状态一般多见于脑病或中毒。

图2-7 体态检查

2. 营养、发育与体格检查

观察牛肌肉的丰满度、皮下脂肪的蓄积量、皮肤与被毛状况，判断牛的营养状况。根据牛的体长、体高、胸围等体尺判断发育情况；根据病牛的头、颈、躯干及四肢、关节各部位的发育情况和形态、比例关系，判断躯干状况。

体格发育不良的奶牛，躯体矮小，瘦弱无力，体长而扁，肢长而细，发育迟缓或停滞，这多是由于营养不良或慢性消耗性疾病所致。患佝偻病时见躯体矮小，头大颈短，关节变粗，四肢弯曲或脊柱凹凸变形。营养状态与动物机体的代谢功能和饲养、管理条件有密切关系。营养不良可见于营养缺乏及代谢扰乱性疾病，长期的消化障碍如慢性胃肠卡他，及慢性消耗性疾病（发热病、某些传染病及寄生虫病）等。

3. 姿势、步态检查

患牛表现姿势行为异常，如站立不稳姿势，多是病牛患一些疼痛性疾病，如蹄叶炎。强迫站立姿势，如破伤风患牛肌肉强直，四肢开张如"木马"。强迫横卧姿势多因神经系统的功能障碍引起，如脑炎、中暑、牛产后瘫痪等疾病。患牛昏迷时多呈横卧姿势。

（二）被毛及皮肤检查

1. 鼻镜检查

健康牛鼻镜湿润，附有较多的小水珠，触之有凉感。病牛鼻镜常干

图 2-8 鼻镜检查

燥、增温，甚至发生龟裂，触之有热感（图 2-8）。

2. 被毛检查

健康牛被毛平顺而有光泽，每年春秋两季脱换新毛。患营养不良和慢性消耗性疾病牛被毛常蓬乱而无光泽、易脱落或换毛季节推迟。湿疹或毛癣、疥癣等皮肤病，常表现局部被毛脱落。

3. 皮肤检查

主要检查皮肤温度、湿度、气味、弹性、皮肤及皮下肿胀、皮肤丘疹和皮肤完整性。热性病时常表现全身皮温升高；局部发炎常表现局部性皮温升高；因衰竭、局部大出血、产后瘫痪等病理性体温过低时，则表现为全身皮温降低；局部水肿或外周神经麻醉时，常表现为一定部位冷感；末梢循环障碍时，则皮温分布不均，耳根、鼻镜、四肢末梢冷厥。

健康牛皮肤有弹性，牛营养不良、失水以及患皮肤病时，皮肤弹性降低。

（三）可视黏膜检查

检查部位包括眼结膜、鼻黏膜、口腔黏膜及阴道黏膜等，仔细观察黏膜有无苍白、潮红、发绀（红紫色或青紫色）以及有无肿胀、出血、溃疡等（图 2-9）。

健康牛眼结膜呈淡粉红色。病理变化有如下：结膜苍白是贫血的表现，如大失血、肝脾破裂、营养性贫血、肠道寄生虫病等；结膜潮红是充血（血液循环障碍）的表现，见于眼的发热性疾病，如外伤、结膜炎及各种急性热性

图 2-9 眼结膜检查

传染病；结膜发绀是淤血的表现或血液中还原型血红蛋白增多的结果，见于肺炎、心力衰竭及某些中毒病；结膜黄染是黄染的表征或血液内胆红素增多的结果，见于肝脏疾病及某些中毒病及附红细胞体病等。

（四）淋巴结检查

主要通过触诊和视诊，检查淋巴结的位置、形态、大小、硬度、敏感性及移动性等（图2-10）。临床上具有重要诊断意义的淋巴结有：下颌淋巴结、膝上淋巴结、肩前淋巴结。

健康牛淋巴结较小，而且深藏于组织内，一般难以摸到。牛淋巴结病变有急慢性肿胀。

图2-10　淋巴结检查

1. 急性肿胀

表现淋巴结体积增大，变硬，伴有热、痛反应。急性肿胀可见牛的白血病；牛患泰勒氏焦虫病时全身淋巴结急性肿胀；淋巴结偶有波动时多见于炭疽。

2. 慢性肿胀

无热、痛反应，较坚硬，表面不平，不易向周围移动，常见于副鼻窦炎、结核病、牛淋巴细胞白血病及放线菌感染等。

（五）体温、脉搏和呼吸的检查

1. 体温检查（图2-11）

体温低下，多由于体热散失过多，或产热不足。

如麻醉期中的奶牛或使用镇静剂后，产后瘫痪和休克时，常见体温下降，当内脏破裂、大失血、严重脑病、中毒性疾病及重急症末期，由于代谢高度减退，也常体温低下。

体温升高可见3种热型。稽留热：高热持续3天以上，且每日温差在1℃以内，多见于传染性胸膜肺炎、犊牛副伤寒等；弛张热：日差在1℃以上，常见于化脓性疾病、败血症及支气管肺炎等；间歇热：表现

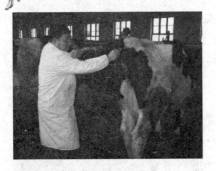

图2-11　体温检查

为有热和无热期交替出现，多见于结核、锥虫病、焦虫病等。

2.脉搏数检查

牛的脉搏数检查是通过触摸尾中动脉检查的，触摸位置在尾底面。健康牛脉搏的正常生理指标为每分钟40~80次。脉搏次数增多常见于各种发热性疾病、各种心脏病、各种贫血或严重的脱水、各种伴有剧烈疼痛的疾病、某些中毒性疾病或药物的影响。脉搏次数减少可见于引起颅内压增高的疾病（如慢性脑室积水）、胆石症、某些植物中毒和药物中毒等。

3 呼吸检查

健康牛呼吸次数为10~30次/分钟。一般情况下，牛饱食或活动后以及天热、受惊、兴奋时，都可以使呼吸次数增多，这属于正常现象（图2-12）。

图2-12　呼吸检查

引起呼吸次数增多的疾病，除了包括能引起脉搏增多的疾病外，临床上多见于呼吸疼痛性疾病（胸膜炎、肋骨骨折、创伤性网胃炎、腹膜炎等）。呼吸次数减少比较少见，主要有脑病（脑炎、脑肿瘤、脑水肿）、上呼吸道狭窄和尿毒症等。

二、系统检查

（一）循环系统检查

在临床诊断中，准确地判断心血管系统的功能状态，不仅在诊断上十分重要，而且对推断预后也有一定的意义。因此，心血管系统的检查是一项非常重要的内容。心血管系统的检查，主要应用视诊、听诊、叩诊的方法。

1. 心脏的临床检查

（1）心搏动的视诊与触诊　心搏动的强度取决于心脏的收缩力量、胸壁的厚度、胸壁与心脏之间的介质。病理性的心搏动增强，可见于一切引起心脏功能亢进疾病，如发热病的初期、伴有疼痛性的疾病、轻度的贫血、心脏病的代偿期（如心肌炎、心包炎、心内膜炎的初期）以及病理性的心肌肥大等。心搏动减弱，表现为心区的震动微弱甚至难于感知。

心搏动的减弱可见于如下情况。

①引起心脏衰弱、心室收缩无力的病理性过程，如心脏病的代偿期。②病理性原因引起的胸壁肥厚，如当纤维素性胸膜肺炎或胸壁浮肿时。③胸壁与心脏之间的介质状态的改变，如当渗出性胸膜炎、胸腔积水、肺气肿、渗出性纤维素性心包炎时。在牛的创伤性心包炎时，有大量的渗出液蓄积，心搏动特别微弱。

（2）心区的叩诊　心脏正常的叩诊音为浊音，心脏叩诊浊音区缩小提示肺气肿的发生。心脏叩诊浊音区扩大，可见于心肥大、心扩张以及渗出性心包炎、心包积液。当心区叩诊时，奶牛表现回视、躲闪或反抗而呈疼痛不安，乃心区敏感反应，常是心包炎或胸膜炎的特征。当牛患创伤性心包炎时，除可见浊音区扩大、呈敏感反应外，有时可呈鼓音或浊鼓音。

（3）心脏的听诊　正常心音的表现（图2-13）。在健康牛的每个心动周期中，可以听到"噜—嗒"有节奏的交替而来的2个声音，称为心音，前一个叫第一心音，后一个叫第二心音。第一心音音调低而钝浊，持续时间长，尾音也长，第二心音音调较高，持续时间较短，尾音终止突

图2-13　心脏听诊

然。心音的病理变化包括心音的频率、强度、性质和节律的变化等。① 心音频率的改变。包括窦性心动过速和窦性心动过缓。前者见于病牛发热及心力衰竭时，后者见于黄疸、颅内压增高的疾病、洋地黄中毒等。② 心音强度的改变。第一、第二心音均增强可见于热性病的初期，心脏功能亢进以及兴奋或伴有剧痛性的疾病及心脏肥大等。第一、第二心音均减弱可见于心脏功能障碍的后期以及渗出性胸膜肺炎或心包炎。第一心音增强主要见于心脏衰弱或大失血、失水以及其他引起动脉血压显著下降的各种病理过程，第二心音增强主要由于肺动脉及主动脉血压升高所致，可见于肺气肿或肾炎。③ 心音性质的改变。常表现为心音混浊，音调低沉且含混不清，主要见于热性病及其他引起心肌损害的多种病理过程。④ 心音分裂。把一个心音分成 2 个声音，听起来类似"特、噜—嗒"或"噜、嗒—啦"。第一心音分裂可见于心肌损害及其传导功能障碍，第二心音分裂主要由于主动脉瓣与肺动脉瓣的不同时关闭所致。⑤ 心杂音。心脏杂音是心音以外持续时间较长的附加声音，它可与心音分开或相连续甚至完全遮盖心音，其音性与心音完全不同，有的如吹风样、锯木样，有的如哨音、皮革摩擦音。心脏杂音对心脏瓣膜及心包疾病的诊断具有重要意义。⑥ 心率失常。多见于心脏兴奋性改变、心脏传导系统功能障碍和严重疾病时。

2. 脉搏检查

（1）脉搏性质　主要检查脉搏的强弱。脉搏强而有力，见于热性病初期、心脏代偿功能亢进及兴奋、运动时；脉搏弱而无力，见于心脏衰弱、热性病及中毒病的后期；脉搏不感于手，见于心力衰竭及濒死期。

（2）脉搏节律　如果牛的脉搏间隔不等，强弱不定，就是无节律脉。

3. 中心静脉压的测定

中心静脉压是指右心房或腔静脉的压力。中心静脉压的高低，主要由血容量的多少、心脏功能的好坏及血管张力的大小决定，测定中心静脉压作为观察血液的动态变化以及临床上作为补充血容量的一个指标。

（1）设备　包括盐水输液瓶、中心静脉压测定管、三通开关、聚乙烯塑料管及采血针头（图 2-14）。该装置用 70% 酒精浸泡、消毒备用。

（2）步骤　先使输液瓶通过三通开关与静脉测压管相通，用生理盐水注满测压管，并调整测压管零刻度与被测动物右心房在同一水平线上，关闭三通开关。

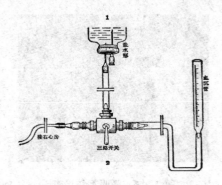

图2-14　中心静脉压测定装置

用聚乙烯塑料管测定针头颈静脉刺入点与右心房之间的距离，并在聚乙烯塑料管上做好标记，然后取采血针头尖端朝向心端方向刺入颈静脉内，并迅速将聚乙烯塑料管通过针孔导入颈静脉内，将聚乙烯塑料管推送至做好标记处，即达到右心房内。

打开三通开关，使测压管与右心房相通，静压柱液体缓缓下降，待液面不再下降时所在的刻度即为中心静脉压读数，再使输液瓶与尼龙导管相通，输液5分钟，再测1次，以2次的平均数作为结果。牛的中心静脉压正常值为（90±40）帕。

（3）临床意义及应用　中心静脉压的高低是受有效循环血液量的多少、心脏功能的好坏和血管张力的大小影响的，同时它也反映当时心脏是否有能力将回心血液排出和当时血管床能否容纳已经输入的液体。血压低，中心静脉压低，表示其血容量有绝对或相对的不足，此时必须大量快速输液，以提高血容量改善循环功能，才能挽救危重病例。血压偏低，中心静脉压很高，表示心脏功能不全或心力衰竭，必须先要强心，而后补充血容量。否则，输液速度越快，输液数量越多，对心脏越不利。

牛患创伤性心包炎时，中心静脉压可升高到240帕以上，对早期确诊创伤性心包炎具有重要的诊断意义。

（二）呼吸系统检查

呼吸系统的检查，主要包括呼吸运动、上呼吸道及胸部的检查（图2-15）。

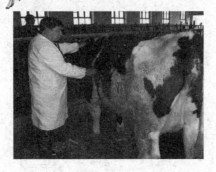

图2-15 呼吸系统检查

1. 呼吸运动的检查

（1）呼吸方式 健康牛为胸腹式呼吸。病理状态下的胸式呼吸见于瘤胃臌胀、创伤性网胃炎、腹膜炎和腹壁疝。腹式呼吸见于胸膜炎、肋骨骨折及心包炎。

（2）呼吸困难 吸气式呼吸困难主要发生于鼻腔、咽、喉及气管患病；慢性肺气肿及细支气管炎时则多发呼气式呼吸困难；肺和胸膜腔疾患时，如肺炎、胸腔积液或气胸等则呈现混合式呼吸困难。

2. 鼻液检查

多量鼻液，见于呼吸系统的急性炎症疾病和某些传染病；少量鼻液，见于慢性呼吸系统疾病和某些传染病。浆液性鼻液常见于呼吸道黏膜急性炎症的初期及感冒；黏液性鼻液常见于呼吸道急性炎症的中期或恢复期；脓性鼻液见于呼吸道黏膜急性炎症的后期、鼻窦炎及肺脓肿破溃；腐败性鼻液见于坏疽性肺炎和腐败性支气管炎等；血液性鼻液，见于呼吸道黏膜损伤和肺出血（图2-16）。

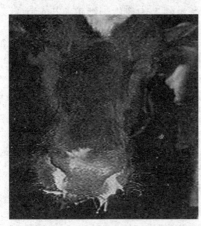

图2-16 鼻黏液检查

3. 咳嗽检查

人工诱咳，若牛连续多次咳嗽，即为病态。干咳多见于喉和气管异物、慢性支气管炎、胸膜炎、肺结核；湿咳见于气管炎等。单发性咳嗽常见于感冒、慢性支气管炎和肺结核等，连续性咳嗽常见于急性喉炎、支气管炎和支气管肺炎。

4.喉及气管检查

视诊和触诊喉和气管，应注意有无肿胀，若有肿胀，表明喉或气管有炎症（图2-17）。听诊喉部，当喉和气管黏膜炎症或因肿瘤等异物压迫而发生狭窄时，喉和气管呼吸音增强并伴有啰音。

图2-17　喉气管视诊

5.胸部检查

（1）胸部触诊　胸部触诊，主要是判定胸壁的敏感性及肋骨状态。胸壁敏感，触诊时动物骚动不安，见于胸膜炎、肋骨骨折等。佝偻病经过中，有时在肋骨与肋软骨结合部可摸到串珠状肿胀。

（2）胸部叩诊　正常的肺部叩诊音为清音（图2-18），叩诊呈浊音或半浊音，见于肺炎、胸膜炎等，叩诊呈鼓音，见于肺空洞、气胸等，叩诊呈过清音，见于肺气肿。

肺叩诊区扩大是肺泡内气体增多，肺容积增大的结果，是肺泡气肿和气胸。肺叩诊区缩小多为腹腔脏器膨大、腹腔积液、心包积液压迫肺脏的结果或肺萎缩所致。

（3）胸部听诊　在健康牛肺区可听到"夫"—"夫"的肺泡

图2-18　胸部叩诊

呼吸音。病理状态下呼吸音增强，见于热性病和贫血等。肺泡呼吸音减弱或消失，见于肺炎、肺气肿和胸膜炎。干啰音常见于支气管炎、肺结核等，湿啰音常见于支气管炎、支气管肺炎和肺水肿等。捻发音常见于胸膜炎的初期和渗出液吸收期。胸腔拍水音见于渗出性胸膜炎。

（三）消化系统检查

在奶牛疾病中，消化系统疾病占很高比例，既有原发性的也有继发性的。因此，在一般检查的基础上多数要进行消化系统检查。它包括饮、食欲检查，口腔检查，咽及食管检查，反刍、嗳气及腹部检查。

1. 饮、食欲检查

图2-19　食欲检查

食欲反常主要见于代谢性疾病，尤其是矿物质缺乏或慢性消化紊乱，表现异食癖。食欲废绝，表明严重的全身紊乱，也见于严重的口腔疾病及其他疼痛性疾病。饮欲反映了全身需水量的程度，饮欲减退见于伴有昏迷的脑病；饮欲增加见于高热或大失血等情况（图2-19）。

2. 反刍检查

反刍是食团从瘤胃返回口腔进行再咀嚼和再吞咽。由于反刍与前胃、皱胃的功能有关系，健康牛通常在饲喂后不久即出现反刍，每次反刍持续30~60分钟，1个食团咀嚼40~60次（图2-20）。反刍的病理变化主要是反刍迟缓而稀少，短而无力，时时终止，不愿咀嚼或咀嚼不充分即行咽下，严重时反刍停止，见于前胃弛缓或胃肠病。在反刍中逆呕或吞咽不自然，可能是食管疾病。

图2-20　反刍检查

假性反刍是一种病理现象，其特点是空口咀嚼，并发出含漱音。用手插入口腔，有大量黄褐色酸臭的瘤胃液流出，常见于前胃疾病、各种传染病、严重的寄生虫病、多种代谢病、中毒病，当出现全身症状时均可影响反刍。

3.嗳气检查

嗳气是瘤胃气体压迫瘤胃后背盲囊而引起的一种反射运动。常用听诊或视诊检查，嗳气增强表示瘤胃运动功能增强，发酵旺盛；嗳气减少是瘤胃运动功能障碍和前胃内容物干涸或积食的结果。嗳气停止与食欲废绝、反刍消失常相一致，并常常导致瘤胃臌胀。

4.腹部检查

腹部检查是消化系统检查的重要组成部分，包括腹围大小、腹腔内容物及胃肠道功能变化。

（1）腹围检查　从前方或尾后观察腹围的大小，在胃肠臌胀、变位、子宫蓄脓、膀胱破裂、腹水、肿瘤等均可见腹围增大；而长期饥饿、腹泻等腹围缩小。

（2）瘤胃检查　瘤胃触诊是瘤胃检查很重要的方法。用拳紧压瘤胃即可感到节律性的起伏运动，判定蠕动波的次数；用手触诊瘤胃还可探知内容物的数量和硬度。听诊可测定蠕动波的强弱与长短。凡影响消化系统的局部和全身性疾病，瘤胃蠕动次数减少，蠕动音降低，蠕动力量减弱。病情严重者则蠕动停止（图2-21）。

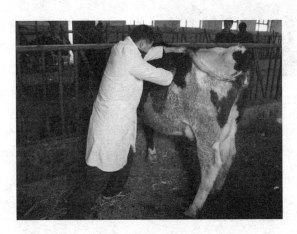

图2-21　瘤胃检查

（3）网胃、瓣胃检查　网胃、瓣胃检查不如瘤胃检查效果明显，即使是触诊网胃，也并非一定能测出疼痛。瓣胃在右侧第7~9肋间、肩关节水平线上下3厘米处，在此处听诊，可听到轻微的沙沙音，患瓣胃堵塞时蠕动音减弱或消失。

（4）皱胃检查　皱胃位于右侧第8~11肋间及肋弓的腹下部。判定皱胃阻塞用触诊的方法，即两手掌平放于右侧肋弓后下方，向腹内摇动可感到皱胃的轮廓和硬度（图2-22）。当皱胃左方变位时，在左侧髋关节水平线上的倒数1~4肋间范围内叩诊结合听诊可出现钢管音。当皱胃右方变位时，在右侧髋关节水平线的倒数1~4肋间范围内叩诊结合听诊可出现典型的钢管音。

图2-22　皱胃检查

（5）肠管检查　牛正常肠音低弱，病理状态下肠音减弱或消失（图2-23）。临床上牛的直肠检查对肠套叠、肠扭转、肠便秘等疾病的确诊具有实用价值。

（6）排粪与粪便　粪便的颜色、软硬、黏液等对胃肠道病理状态有直观判定价值。粪便带血、带黏液等都有助于诊断。粪便呈

图2-23　直肠检查

球状并被覆闪光的黏液可能是酮病，呈黑色松馏油状血粪可能是皱胃溃疡，粪少并主要呈乳白色胶冻样物质则有可能是肠套叠或肠便秘，排粪的次数增加呈水样便多是肠炎。

（四）泌尿系统检查

1. 排尿动作及尿液感观检查（图2-24）

（1）排尿动作 观察牛在排尿过程中的动作与姿势。

①多尿。表现为排尿次数和尿量增加，多见于慢性肾病、渗出性胸膜炎的吸收期。②少尿。表现为排尿次数减少和尿量减少，见于热性病、急性肾炎。③频尿。表现为时有排尿动作，但尿量少，多见于膀胱炎、尿道炎。④无尿。

图2-24 尿液检查

真性无尿，无排尿动作，见于急性肾炎；假性无尿，时有排尿行为，但无尿液排出，见于尿道结石或堵塞。⑤尿失禁或尿淋漓。尿失禁是尿液不由自主地自行流出；尿淋漓是在腹压增高或姿势改变时，经常有少量尿液呈滴状流出。见于膀胱及其括约肌的麻痹或中枢神经系统疾病。

（2）尿液及其感观 检查尿液的气味、透明度、颜色及混有物。有强烈氨臭味，见于膀胱炎；有醋酮味，见于酮尿病。颜色变深，见于饮水不足或热性病；尿液深黄色见于肝病、胆道阻塞；红尿提示血红蛋白尿或血尿，血红蛋白尿多透明，放置无沉淀，见于牛血红蛋白尿症、梨形虫病和犊牛饮水过多；血尿有沉淀多因肾脏、尿道、膀胱出血。

2.肾脏、膀胱及尿道

肾区捶击（图2-25）或触诊时牛疼痛不安，提示肾炎；膀胱区触诊呈波动感，提示膀胱内尿液潴留；随触压而流出尿液，则提示膀胱麻痹；触诊敏感，多见于膀胱炎。

图2-25 肾区捶击

（五）神经系统检查

1.中枢神经功能检查

观察动物的精神状态或行为（图2-26）。常见的中枢神经功能障碍

图2-26　牛脊髓损伤

有以下两种。

（1）兴奋、狂躁　牛表现为不安、惊恐，横冲直撞，攻击人、畜，见于狂犬病、脑及脑膜充血以及中毒等。

（2）抑制、昏迷　轻者表现为低头垂耳，反应迟钝，行动无力，多见于热性病；重者呈现昏迷状态，病牛卧地不起，呼唤不应，意识完全丧失，反射消失，甚至瞳孔散大，粪尿失禁，为预后不良征兆，见于脑及脑膜炎、中暑后期及重度的产后瘫痪。

2.头颅及脊柱检查

观察头颅的形状、大小及脊柱的外形，配合进行触诊及叩诊（图

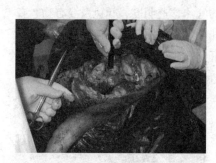

图2-27　开颅检查

2-27）。头颅局部膨大变形，见于外伤、肿瘤、额窦炎；局部温度增高，多为脑、脑膜充血及炎症；叩诊浊音，见于脑瘤、额窦炎、脑多头蚴病；脊柱变形，向内、向下、侧方弯曲，见于骨软症或佝偻病；局部肿胀疼痛，常为挫伤或骨折；僵硬，快速运动或转圈运动不灵活，见于破伤风、腰肌风湿等。

3.感觉器官检查

（1）视觉器官检查　观察眼球、眼睑、角膜、瞳孔的状态，主要检查眼的视觉能力及瞳孔对光的反应。

①眼睑。眼睑肿胀，见于流行性感冒、牛恶性卡他热；上眼睑下垂，多见于面神经麻痹、脑炎、脑肿瘤及某些中毒病。②眼球。眼球下陷，见于严重失水、眼球萎缩；眼球震颤，见于急性脑炎、癫痫等。③角膜。角膜混浊，见于牛恶性卡他热、角膜外伤或维生素A缺乏等。

④ 瞳孔。瞳孔散大，多见于脑膜炎、脑肿瘤或脓肿、多头蚴病或阿托品中毒；瞳孔缩小且伴发对光反应迟钝或消失，多见于慢性脑室积水、脑膜炎、有机磷中毒等。⑤ 视力。视物不清，甚至失明，多见于犊牛的维生素缺乏症。

（2）听觉器官检查　在安静环境，给以音响刺激，观察牛的反应。常见的听觉异常有以下两种。

①听觉增强。对轻微声音耳迅速来回转动，惊恐不安，多见于破伤风、狂犬病、牛酮血症等。②听觉减弱。对较强的声音刺激无任何反应，见于延髓和大脑皮质颞叶受损等。

4. 皮肤感觉检查

遮盖动物的眼睛，检查牛皮肤的触觉、痛觉和温热感觉（图2-28）。感觉减弱或消失，对强烈刺激无明显反应，见于中枢功能抑制的脊髓、脑干部疾病；感觉增强，见于局部炎症、脊髓炎等。

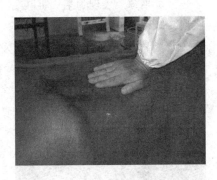

图2-28　皮肤触诊

5. 反射功能检查

主要检查皮肤、黏膜、深部反射等。反射减弱或消失，常见于脑积水、多头蚴病等；反射亢进，见于脊髓背根、腹根或外周神经的炎症，以及脊髓炎、破伤风、有机磷中毒、士的宁中毒等。

（六）运动系统检查

先观察牛在站立静止时肢体的位置、姿势是否正常，肢体局部有无异常变化，然后让牛自由活动，观察是否存在运动异常。常见的运动功能障碍有盲目运动、共济失调、痉挛、麻痹和瘫痪等。

1. 盲目运动

表现为无目的地行走，前冲、后退、转圈运动等，见于脑炎、脑膜炎、某些中毒病以及牛多头蚴病等。

2.共济失调

表现为静止时站立不稳,四肢叉开,运动时步态不稳、后躯摇晃、行走如醉,多见于小脑性失调。

3.痉挛

主要见于破伤风、某些中毒病、脑炎及脑膜炎。

4.麻痹

末梢性麻痹,常见于面神经麻痹、坐骨神经麻痹、桡神经麻痹等。中枢性麻痹,常见于狂犬病、某些中毒病等。

5.瘫痪

(1)单瘫 表现为某一肌群或一肢的麻痹,如三叉神经或颜面神经麻痹,以致影响咀嚼和采食。

(2)截瘫 身体两侧对称部位发生麻痹,多由于脊髓横断性损伤。

(七)乳房检查

乳房的检查对乳腺疾病的诊断具有很重要的意义。检查方法主要有视诊、触诊,同时注意观察乳汁的外观(图2-29)。

图2-29 乳房检查

1.视诊

注意乳房的大小、形状,乳房和乳头的皮肤颜色,有无发红、橘皮样病变、外伤、隆起、结节及脓疱等。乳房皮肤上出现疱疹、脓疱及结节多为痘疹的特征。

2.触诊

须在挤奶后进行。注意肿胀的部位、大小、硬度、压痛及局部温度,有无波动感。奶牛患乳房炎症时,炎症部位肿胀、发硬、皮肤呈紫红色,有热痛反应。有时乳房淋巴结也肿大,挤奶不畅。炎症可发生于整个乳房,有时仅限于乳腺的一叶,或仅局限于一叶的某部分。因此,检查应遍及整个乳房。如乳房发生脓肿时,可在乳房的皮下或深部出现大小不等的坚实感并带有明显弹性的囊状物。当脓肿成熟后,可出现波动，但深部肿胀波动不明显。奶牛发生乳房结核时，乳房淋巴结显著肿大、硬结，触诊无热痛。

3.乳汁外观检查

除轻度炎症外，多数乳房炎患牛，乳汁性状都有变化。检查时，可将患病乳叶的乳汁挤入手心或盛于器皿内进行观察，注意乳汁的颜色、稀薄和性状。如乳汁内含絮状物或纤维蛋白性凝块，或含有脓汁、带血，为乳房炎的重要指征。此外，必要时可用化学方法进行乳汁的酸碱度测定及乳内酶的测定；亦可用显微镜检查法进行血细胞和细菌学分析，以确定乳房炎的类型。

（八）病料的采取和保存

1.病料的采取方法

（1）液体材料的采取　一般用棉棒采取破溃的脓汁、胸水、鼻液、阴道分泌物（图2-30）、排泄物。采取未破的脓肿时，在表面消毒后，用注射器抽取，也可用吸管吸取，汁液置于试管中。血液可从静脉采取。对于突然死亡或病因不明的尸体，须先采取末梢血液制成涂片，镜检，疑似炭疽时严禁剖检。

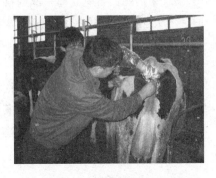

图2-30　采取阴道分泌物

（2）实质器官的采取　应在刚解剖尸体后立刻采取。若剖检过程中污染了被检器官，或剖开腹腔后时间过久，应先用烧红的刀片烧烙表面，在烧烙的深部切取小块器官，放在灭菌试管或培养皿内。或直接用铂耳挑取病料涂抹于平板培养基上。常采取的

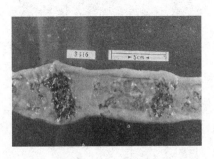

图2-31　溃疡肠段

脏器有肝、脾、肾、心、肺、淋巴结等。

（3）胃肠及其内容物的采取　除去粪便的肠管，水洗后放在平皿内。粪便应采取新鲜的带有脓、血、黏液部分，液态粪便应采取絮状物。有时可将胃肠剪下，两端结扎好，送往实验室（厌氧菌培养时）（图2-31）。

（4）胎儿　可将流产胎儿送往实验室，也可用吸管或注射器吸取胎儿内容物放在试管内。

（5）注意事项

① 取被检病料应采用无菌操作技术，所用器械、器皿，都须经过灭菌（图2-32）。在抽取血液或其他液体时，要避免外源性污染。取得材料后，应立即送往实验室检查。

② 动物死亡后应立即采取病料，不能拖延时间。夏天应在4~8小时，冬天应在24小时之内。而且应采取病原菌最多的部位或脏器。病料量不宜过少，用合适的容器盛装，避免在送检途中细菌干燥死亡等情况的发生。

③ 送检的病料如体液、尿、脓汁、鼻液等首先应做涂片检查（图2-33），再根据情况作分离培养等其他检验方法。

④ 人畜共患病在取样和送检途中，应严格要求，以免工作人员受到传染。

图2-32　高温高压消毒

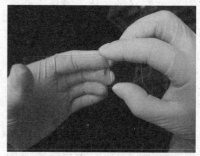

图2-33　涂片检查

（6）牛常见细菌性传染病取样部位简介

① 炭疽。取样时，严禁剖检尸体，应立即从耳尖采血，涂片染色镜检。必要时在严格控制的条件下，从尸体左侧最后一条肋骨后缘打开腹腔，采取小块脾脏涂片染色镜检，腹腔切口用浸透碘酊的纱布填塞。皮肤炭疽可采取病灶水肿液渗出物，肠炭疽可采取粪便。

② 布鲁氏菌病。最好采取流产胎儿的胃内容物、羊水及胎盘的坏死部分。如无此材料，也可用母牛阴道分泌物、乳汁或尿液。

③ 巴氏杆菌病。尽可能采取新鲜病料，如渗出液、心血、肝、脾、淋巴结、骨髓等，制成涂片，以免镜检时细胞碎片混淆视线。

④ 结核病。采取患病动物的病灶、痰液、尿液、粪便、乳汁及其他分泌物。

⑤ 副结核病。已有临床症状的病牛，可刮取直肠黏膜或取粪便中的小块黏膜及血液凝块，尸体可取回肠末端附近肠系膜淋巴结或取回盲瓣附近的肠系膜。

⑥ 放线菌病。采取病灶脓汁。

2. 被检材料的保存方法

供细菌检验的被检材料，如能立即送往实验室并有条件立即展开工作的，最好立即对病料进行分析。若须在1~2天内送到实验室，可暂放在有冰的保温瓶或冰箱内，也可放入灭菌液状石蜡或30%甘油生理盐水中。还可在保温瓶内放氯化铵500克加1 500毫升水，使保温瓶内保持0℃左右达24小时。送到实验室暂且不能检查的病料，也要放置冰箱中待检。

供细菌检验用的被检材料，应尽可能地保证其中的细菌数量和活力不发生变化。最好由专人送检，并记录有关的详细情况，如病情、剖检、采集时间和部位等，以供检验人员参考。

第三章 牛病用药与治疗技术

第一节 牛场常用药物

一、抗微生物药

（一）作用于革兰氏阳性菌的主要抗生素

作用于革兰氏阳性菌的常用抗生素类药物主要是青霉素类、头孢菌素类、大环内酯类和林可胺类。

1. 青霉素类

包括苄青霉素（青霉素 G）、氨苄青霉素（安比西林）和羧苄青霉素。

2. 头孢菌素类

为白色或黄白色晶粉，易溶于水，注射使用。包括噻孢霉素（头孢菌素）、头孢唑啉（先锋霉素 V）和头孢噻肟（头孢氨噻肟）。

3. 大环内酯类

包括红霉素和泰乐菌素。林可胺类包括林可霉素（洁霉素）和杆菌肽。

（二）作用于革兰氏阴性菌的主要抗生素

作用于革兰氏阴性菌的常用抗生素类药物主要有氨基糖苷类和多黏菌素类。

1. 氨基糖苷类

包括链霉素、庆大霉素、新霉素、卡那霉素、丁胺卡那霉素（阿米卡星）、壮观霉素（大壮观霉素）、妥布霉素和核糖霉素（维他霉素）。

2. 多黏菌素类

包括多黏菌素 B、多黏菌素和多黏菌素 E（抗敌素）。

（三）广谱抗生素

常用广谱抗生素主要包括四环素类、氯霉素类。四环素类包括土霉素（氧四环素）、四环素、金霉素和强力霉素（脱氧土霉素）。

（四）作用于支原体的抗生素

目前作用于支原体的有效药物主要是北里霉素，主要治疗支原体肺炎、痢疾。

（五）作用于真菌的抗生素

有效抵抗真菌感染的抗生素主要是抗真菌抗生素和合成抗真菌药。

1. 合成抗真菌药

包括克霉唑（二苯甲脒唑）和酮康唑。

（1）克霉唑（二苯甲脒唑）　对内脏致病性真菌病具有良好的疗效，多用于治疗全身性和深部真菌感染。

（2）酮康唑　用于治疗消化道、呼吸道及全身性真菌感染、皮肤黏膜等浅表真菌感染。

2. 抗真菌抗生素

抗真菌抗生素分为灰黄霉素、制霉菌素和两性霉素 B（芦山霉素）。

（1）灰黄霉素　主要用于治疗各类浅表癣病。

（2）制霉菌素　主要用于治疗牛真菌性网胃炎、真菌性乳腺炎、子宫炎等，外用治疗体表真菌感染。

（3）两性霉素 B（芦山霉素）　对全身性深部真菌感染具有较强的抑制作用，是治疗深部真菌感染的首选药物。

二、驱虫药

寄生虫病是危害动物生产的一类主要疾病。寄生虫的种类繁多，主要有线虫、吸虫、绦虫、原虫以及体外寄生虫。驱虫药包括驱线虫药、驱吸虫药、驱绦虫药和抗原虫药。

（一）驱线虫药

包括左旋咪唑、酒石酸噻嘧啶、酒石酸莫仑太尔、噻苯达唑、阿苯达唑、芬苯达唑和虫克星。左旋咪唑驱虫对象是血矛属、奥斯特他属、古柏属、毛圆属、仰口属、大肠食道口属、毛首属线虫及牛蛔虫。酒石酸噻嘧啶和酒石酸莫仑太尔驱虫对象是牛捻转血矛线虫、毛圆线虫、细颈线虫、奥斯特他线虫、古柏线虫、食道口线虫、仰口线虫、下伯特线虫。噻苯达唑驱虫对象是绝大多数消化道线虫。阿苯达唑驱虫对象是胃肠道线虫、肺线虫、肝片吸虫、绦虫等。芬苯达唑驱虫对象是血矛属、奥斯特他属、古柏属、毛圆属、仰口属、食道口属矛线虫及莫尼茨绦虫。虫克星驱虫对象是线虫、皮蝇蛆、虱、螨、蚤等。

（二）驱吸虫药

包括六氯对二甲苯（血防846）、吡喹酮、硝氯酚、别丁（硫双二氯酚）、六氯乙烷（吸虫灵）和呋喃丙胺。六氯对二甲苯（血防846）和硝氯酚驱虫对象是肝片吸虫；吡喹酮驱虫对象是曼氏血吸虫、埃及血吸虫、日本血吸虫、多头绦虫、棘球绦虫、中华枝睾吸虫；别丁（硫双二氯酚）驱虫对象是肝片吸虫、前后盘吸虫、莫尼茨绦虫、隧状绦虫；六氯乙烷（吸虫灵）驱虫对象是肝片吸虫、前后盘吸虫的成虫及其他线虫；呋喃丙胺驱虫对象是各种吸虫。其中六氯乙烷（吸虫灵）毒性较大，主要表现在肝功能受损，中毒表现为反刍减弱、食欲下降、腹泻，注射葡萄糖酸钙可缓解。

（三）驱绦虫药

包括氯硝柳胺和氯硝柳胺呱嗪。氯硝柳胺驱虫对象是莫尼茨绦虫、裸头绦虫；氯硝柳胺呱嗪驱虫对象是各类绦虫。

（四）抗原虫药

包括噻匹拉明、新肿凡钠明、舒拉明、二脒那嗪、喹啉脲、吖啶黄、咪哆卡和青蒿素。噻匹拉明驱虫对象是牛伊氏锥虫、马媾疫锥虫；新肿凡钠明、舒拉明驱虫对象是牛伊氏锥虫；二脒那嗪驱虫对象是双芽焦虫、巴贝斯焦虫、柯契卡巴贝斯焦虫；喹啉脲驱虫对象是双芽焦虫、巴贝斯焦虫、柯契卡巴贝斯焦虫；吖啶黄驱虫对象是巴贝斯焦虫；咪哆卡驱虫对象是双芽焦虫、巴贝斯焦虫；青蒿素驱虫对象是双芽焦虫、泰勒焦虫以及疟原虫等。其中新肿凡钠明毒性大，刺激性强，过量时引起不安、出汗、肌颤，舒拉明毒性大，过量伤肝、肾、脾，导致呼吸困难等，使用时应注意。喹啉脲副作用大，中毒时可用阿托品解毒。

三、作用于消化系统的药物

牛的消化系统比较复杂，与单胃动物不同，因而作用于消化系统的药物较多，主要包括健胃药、瘤胃兴奋药、制酵消沫药、泻药以及止泻药等。但药物应配合使用以发挥最好效果。

（一）药物分类

1. 健胃药

健胃药有苦味健胃药、芳香健胃药和盐类健胃药。苦味健胃药包括龙胆末、龙胆酊、复方龙胆酊类、大黄末、大黄苏打片类和潘木鳖酊。前两类主治食欲减退、消化不良，潘木鳖酊主治消化不良、胃肠迟缓、食欲不振、瘤胃积食。但潘木鳖酊具有蓄积作用，用药不可超过一周。

芳香健胃药包括橙皮酊、大蒜酊、复方大黄酊和姜酊。橙皮酊主治消化不良、臌胀、积食及咳嗽多痰；大蒜酊主治瘤胃臌胀、前胃弛缓、胃扩张、肠臌气、卡他性胃肠炎；复方大黄酊主治消化不良、瘤胃积食；姜酊主治消化不良、胃肠臌气。

盐类健胃药包括氯化钠、碳酸氢钠和人工盐。氯化钠主要作用为消食健胃、促进食欲、消炎；碳酸氢钠主治卡他性胃肠炎、蠕动力弱、酸

中毒、痰多等；人工盐主治消化不良、瘤胃弛缓。碳酸氢钠服后产生大量二氧化碳，增加胃内压，因而禁用于胃扩张病。

2. 瘤胃兴奋药

瘤胃兴奋药包括10%氯化钠、胃复安、氯化乙酰胆碱、新斯的明和硝酸毛果芸香碱。10%氯化钠主治前胃弛缓、蠕动力弱；胃复安主治消化不良、结肠臌气、呕吐；氯化乙酰胆碱主治便秘疝、肠弛缓、前胃弛缓；新斯的明主治便秘疝、肠弛缓、前胃弛缓；硝酸毛果芸香碱主治不完全性阻塞、前胃弛缓。氯化乙酰胆碱对孕、弱及心、肺功能差者禁用，禁止静脉注射，新斯的明孕畜禁用，硝酸毛果芸香碱孕、弱及心、肺功能差者禁用，完全阻塞的病畜禁用。

3. 制酵消沫药

制酵消沫药包括甲醛溶液、松节油和二甲基硅油。甲醛溶液主治急性瘤胃臌气，松节油主治瘤胃臌气、胃肠臌胀，二甲基硅油主治瘤胃泡沫性臌气。甲醛溶液对瘤胃微生物有杀灭作用，不宜反复使用。

4. 泻药

泻药包括容积性泻药、刺激性泻药和润滑性泻药。容积性泻药包括硫酸钠（芒硝）和硫酸镁，治疗大肠便秘，排除肠内毒物和瓣胃阻塞。硫酸钠（芒硝）是首选泻药之一，治疗便秘，配合大黄、积实、厚朴等药物效果更好。硫酸镁禁与氯化钙、碳酸氢钠混用；超剂量或注入过快易中毒，出现呼吸浅表、肌腱反射消失，可静注氯化钙解救。

刺激性泻药主要是大黄。治疗便秘，与硫酸钠配合使用，效果较好。

润滑性泻药主要是液态石蜡（石蜡油），治疗小肠便秘，是比较安全的泻药。

5. 止泻药

止泻药包括活性炭（药用炭）、白陶土、鞣酸与鞣酸蛋白和矽碳银。活性炭（药用炭）用于治疗腹泻、肠炎、毒物中毒等；白陶土用于治疗下痢、肠炎；鞣酸与鞣酸蛋白用于治疗急性肠炎、非细菌性腹泻；矽碳银用于治疗急性胃肠炎、腹泻。

（二）临床合理用药

健胃药和助消化药用于动物食欲不振、消化不良等疾病，不能单选用对此病效果较好的药物，同时还要配合用药。牛不吃草时可选用胃蛋白酶，配合稀盐酸或稀醋酸疗效良好。如采食大量易发酵或腐败变质的饲料导致的胀气、急性胃扩张，一般选用制酵药，并根据病情配合瘤胃兴奋药。中毒引起的瘤胃胀气，除制酵外，还要对因治疗。泡沫性臌胀时，必须选用二甲基硅油等消沫药。选用泻药时多与制酵药、强心药、体液补充药配合使用。大肠便秘的早、中期，一般选用盐类泻药，配合大黄等。小肠便秘的早、中期，一般选用植物油、液体石蜡。排除毒物，一般选用盐类泻药，配合植物性泻药，但不能用植物油。便秘后期，产生炎症的情况下，只能选用润滑性泻药，特别对孕畜有一定的保护作用，以防流产。应用泻药时应防大量的水分排掉，产生脱水现象应注意补水。

四、作用于呼吸系统的药物

（一）药物分类

作用于呼吸系统的药物主要有祛痰类、镇咳类、平喘类药物。

1. 祛痰类药物

祛痰类药物包括氯化铵、碘化钾和乙酰半胱氨酸。

氯化铵主治呼吸道炎症初期，痰液黏稠而不易咳出的病例；碘化钾主治慢性或亚急性支气管炎，局部病灶注射治疗牛放线菌病等；乙酰半胱氨酸主治急、慢性支气管炎、支气管扩张、喘息、肺炎、肺气肿等。需注意氯化铵禁与磺胺类药物合用，禁与碱、重金属盐配合使用，胃脏、肝脏、肾脏机能障碍时要慎用。

2. 镇咳类药物

镇咳类药物主要是咳必清（枸橼酸喷托维宁）、复方甘草合剂和可待因（甲基吗啡）。

咳必清（枸橼酸喷托维宁）治疗伴有剧烈干咳的急性呼吸道炎症，常与祛痰药合用；大剂量会导致腹胀和便秘；心脏功能不全、伴有肺

部淤血的患牛忌用。复方甘草合剂具有镇咳、祛痰、平喘作用，用于治疗一般性咳嗽。可待因（甲基吗啡）用于无痰、剧痛性咳嗽及胸膜炎等引起的干咳，对多痰性咳嗽不宜应用，以免造成呼吸道阻塞。

3. 平喘类药物

平喘类药物主要包括氨茶碱和麻黄碱。

氨茶碱主治痉挛性支气管炎，急、慢性支气管哮喘，心力衰竭时的气喘及心脏性水肿的辅助治疗，但具刺激性，应深部肌内注射；静注限量，并用葡萄糖稀释至 2.5% 以下，缓慢滴注；不能与维生素 C、盐酸四环素等酸性药物配伍。麻黄碱用于轻症支气管喘息，配合祛痰药用于急、慢性支气管炎的治疗，对中枢兴奋作用较强，用量过大会导致病牛骚动不安，甚至惊厥等中毒症状，严重时采用巴比妥类等药物解毒。

（二）临床合理用药

呼吸道炎症初期，痰液黏稠而不易咳出时，可选用氯化铵祛痰。而呼吸道感染伴有发热等全身症状的，应以抗菌药物控制感染为主，同时选用刺激性较弱的祛痰药氯化铵。碘化钾刺激性较强，不适用于急性支气管炎。

当痰液黏度高、频繁而无痛的咳嗽亦难以咳出时，可选用碘化钾内服或其他刺激性祛痰药物，如松节油等蒸气吸入。

轻度咳嗽或多痰性咳嗽不应选用镇咳药止咳，只要选用祛痰药将痰排出后，咳嗽就会减轻或停止。但对长时间频繁而剧烈的疼痛性干咳，应选用镇咳药，如可待因等止咳，或选用镇咳药与祛痰药配伍的合剂，如复方咳必清糖浆、复方甘草合剂等。对急性呼吸道炎症初期引起的干咳，也可选用非成瘾性镇咳药咳必清。

治疗喘息应注重对因治疗。对于因细支气管积痰而引起的气喘，通常在镇咳、祛痰的同时也就得到缓解，而对于因支气管痉挛等引起的气喘，则需选用平喘药治疗。在选用平喘药时应慎重。因为平喘药多数都对中枢神经和心血管系统有一定的副作用。一般轻度喘息可选用氨茶碱或麻黄碱平喘，辅以氯化铵、碘化钾等祛痰药进行治疗，以使痰液迅速排出。但不宜应用可待因或咳必清等镇咳药，因其能阻止痰液的咳出，反而加重喘息。

此外，肾上腺糖皮质激素、异丙肾上腺素等均有平喘作用，可适用于过敏性喘息。

五、作用于泌尿生殖系统的药物

泌尿生殖系统即泌尿系统和生殖系统。作用于生殖系统的药物主要是激素类和合成类激素，用于平衡体内生殖激素水平，维护正常生殖机能，同时用于调整性周期、增进动物生殖器官功能等的繁殖控制工作。作用于泌尿系统的药物主要是一些具有利尿功能、脱水作用的药物。

（一）作用于生殖系统的药物

包括黄体酮、绒毛膜促性腺激素、缩宫素（催产素）、前列腺素。

黄体酮主治黄体功能不足引起的早期流产和习惯性流产，卵巢囊肿引起的慕雄狂症，并具有促进子宫内膜体生长、子宫内膜充血、增厚，抑制子宫收缩等功用，可作为保胎药；绒毛膜促性腺激素临床用于同期发情，促进排卵、提高受胎率，也用于母牛诱发发情和习惯性流产；缩宫素（催产素）用于催产和引产，治疗产后子宫出血、胎衣不下、排出死胎、子宫复位不全、催乳等；前列腺素分为诺前列素、前列烯醇，诺前列素治疗持久黄体不孕症，促进发情，前列烯醇用于母牛同期发情等。

（二）作用于泌尿系统的药物

主要是利尿药，包括双氢氯噻嗪、速尿、氨苯喋啶、甘露醇和山梨醇。

双氢氯噻嗪用于心脏、肾脏、肝脏等疾病继发性水肿；速尿适用于各种利尿药无效时的严重水肿；氨苯喋啶适用于肝脏性水肿以及其他恶性水肿和腹水；甘露醇是治疗脑水肿首选药，用于术后无尿症等；山梨醇治疗脑水肿，预防急性肾功能衰竭等。但氨苯喋啶对肝脏、肾脏功能严重减退或高血压症病牛忌用，甘露醇对慢性心脏功能不全病畜禁用，用量不宜过大，滴注不宜过快，且药液无漏出血管。

六、作用于心血管系统的药物

治疗心血管系统的药物包括强心类药物、止血类药物、抗凝血类药物和抗贫血类药物。

（一）强心类药物

包括洋地黄、地高辛、洋地黄毒苷和毒花旋毛子苷 K。

洋地黄和地高辛主治各种原因引起的慢性心功能不全，阵发性室上性心动过速，但洋地黄在体内代谢和排泄缓慢，易蓄积，未用过强心苷的病例方可常规给药；用药期间禁忌静脉注射钙剂、肾上腺素类药物；安全范围小，毒性反应为厌食、呕吐、腹泻等；心内膜炎、急性心肌炎、创伤性心包炎慎用。地高辛在小肠吸收，体内分布广泛，作用强而迅速，显著减缓心率，具有较强利尿作用，排泄快，而积蓄作用较小，使用较安全。

洋地黄毒苷主治慢性心功能不全；毒花旋毛子苷 K 主治急性心衰，特别是对洋地黄无效的病症，是高效、速效强心苷药物；适用于急性心功能不全或慢性心功能不全的急性发作；排泄迅速、蓄积作用小，维持时间短；不能皮下注射。

（二）止血类药物

包括维生素 K_3、安乐血和凝血酸。

维生素 K_3 主治出血症、低凝血酶原症等；安乐血主治鼻出血、内脏出血、血尿、视网膜出血、手术后出血、产后出血等，禁与脑垂体后叶素、青霉素 G、盐酸氯丙嗪混合；不能与抗组胺药物同时使用；凝血酸创伤止血效果显著，手术前预防用药，但肾功能不全以及术后有血尿的患畜慎用；用药后可能发生恶心、呕吐、食欲减退、嗜睡等，停药后即可消失。

（三）抗凝血类药物

包括枸橼酸钠和肝素钠。

枸橼酸钠抗血栓，多用于体外抗凝血；肝素钠防止血栓栓塞性疾病。

（四）抗贫血类药物

包括硫酸亚铁和维生素 B_{12}。

硫酸亚铁主治贫血症，采食后给药；维生素 B_{12} 主治巨幼红细胞性贫血及神经损害性疾病，也可用于神经炎、神经萎缩等疾病的辅助治疗。

七、镇静与麻醉药物

（一）镇静药

指能加强大脑皮层的抑制过程，从而使被破坏的兴奋过程得以恢复平衡的药物。较大剂量可以促进睡眠，大剂量还可呈现抗惊厥作用和麻醉作用。临床主要应用于消除动物的狂躁、不安和攻击行为等过度兴奋症状。

镇静药包括马来酸乙酰丙嗪、溴化钠、溴化钾和溴化钙。

1. 马来酸乙酰丙嗪

镇静安定，麻醉前给药。

2. 溴化钠、溴化钾和溴化钙

治疗中枢神经过度兴奋的患病牛，也可用于便秘、急性胃扩张、臌气等造成的痉挛性腹痛。溴化物对局部组织和胃肠黏膜有刺激性，静脉注射不可漏出血管外，本品排泄缓慢，长期应用可引起蓄积中毒。连续用药不宜超过 1 周。发现中毒应立即停药，可内服或静脉注射氯化钠，并给予利尿药。水肿病牛忌用，忌与强心苷类药物合用。

（二）麻醉药

麻醉药包括局部麻醉药和全身麻醉药。

1. 局部麻醉药

包括普鲁卡因（奴佛卡因）、利多卡因（昔罗卡因）、丁卡因和盐酸

布比卡因。

普鲁卡因（奴佛卡因）是临床应用最多的局麻药，主要用于牛的浸润麻醉、传导麻醉、椎管内麻醉；在损伤、炎症及溃疡组织周围注入低浓度溶液，作封闭疗法；但本品不可与磺胺类药物伍用；利多卡因（昔罗卡因）临床主要用于动物的表面麻醉、浸润麻醉、传导麻醉及硬膜外腔麻醉，也可用作窦性心动过速，治疗心律失常。丁卡因临床常用于表面麻醉及硬膜外腔麻醉，由于毒性较大（约为普鲁卡因的10倍），注射后吸收又迅速，所以一般不宜作浸润麻醉和传导麻醉。盐酸布比卡因用于浸润麻醉、传导麻醉、硬膜外麻醉和蛛网膜下腔麻醉；本品麻醉性能强，作用时间长，为长效局麻药。

2. 全身麻醉药

包括水合氯醛、氯胺酮（开他敏）、硫喷妥钠和氟烷。

水合氯醛作麻醉药时，为减少其副作用，在麻醉前15分钟给予阿托品。作镇静、解痉和抗惊厥药时，用于过度兴奋、痉挛性疝痛、痉挛性咳嗽，子宫、阴道和直肠脱出的整复，肠阻塞、胃扩张、消化道和膀胱括约肌痉挛以及破伤风、士的宁中毒引起的惊厥发作等。本品刺激性大，静脉注射时先注入2/3的剂量，余下1/3剂量应缓慢注入，待动物出现后躯摇摆、站立不稳时，即可停止注射，切不可漏出血管，内服或灌注时宜用10%的淀粉浆配成5%~10%的浓度应用。本品能抑制体温中枢，使体温下降1~3℃，故在寒冷季节应注意保温。有严重心、肝、肾脏疾病的病畜禁用。

氯胺酮（开他敏）常用于牛的基础麻醉药和镇静性化学保定药。多以静脉注射方式给药，作用发生快，维持时间短。本品在麻醉期间，动物睁眼凝视或眼球转动，咳嗽与吞咽反射仍然存在，呈木僵状态。

硫喷妥钠可单独用作全身麻醉药，还可作为诱导麻醉药使用，也用作抗惊厥药。本品能使牛大量分泌唾液，故必须在麻醉前先注射阿托品。

氟烷用于全身麻醉或基础麻醉。应用本品麻醉时，不能并用肾上腺素或去甲肾上腺素，也不可并用六甲双铵、三碘季铵酚和萝芙木衍生物；不宜用于剖腹产麻醉；麻醉时给药速度不宜过快，如呼吸运动减弱或肺通气量减少时应立即输氧、人工呼吸，并迅速减轻麻醉或停止吸入。

八、解热镇痛抗风湿药

解热镇痛抗风湿药是治疗发热、感冒与风湿疼痛的药物。此类药分苯胺类、吡唑酮类、水杨酸类。

（一）苯胺类

包括扑热息痛和非那西丁，用于各类热、痛病症。

（二）吡唑酮类

包括氨基比林、保泰松和安乃近。氨基比林治疗肌肉痛、神经痛、关节痛；保泰松治疗风湿病、关节炎、腱鞘炎、睾丸炎等；安乃近治疗肠痉挛，肠臌气，关节、肌肉风湿及神经痛，但长期使用会产生颗粒性白细胞缺乏症。

（三）水杨酸类

包括水杨酸钠、阿司匹林（乙酰水杨酸钠）。

水杨酸钠用于急性风湿性关节炎、肿胀消退，本品静注应缓慢，严防漏到血管外，不宜大剂量长期使用；阿司匹林用于高热、感冒、关节痛、风湿病、神经肌肉痛等。

九、液体补充剂

液体补充剂主要包括血容量补充药和电解质及酸碱平衡药物。

（一）血容量补充药

包括葡萄糖和右旋糖酐40。

1. 葡萄糖

主要功能是供给能量、解毒、补充体液、强心脱水。静脉注射高渗葡萄糖溶液也能消除水肿。其中5%葡萄糖溶液用于高渗性脱水、大失

血等；10%葡萄糖溶液用于重病、久病、体质过度虚弱的家畜；10%、25%葡萄糖溶液可用于心脏衰弱、某些肝脏病、化学药品和细菌性毒物的中毒、牛醋酮血病、妊娠毒血症等；50%葡萄糖溶液可消除脑水肿和肺水肿。

2. 右旋糖酐40

主要用于扩充和维持血容量，治疗因失血、创伤等引起的休克。能提高血浆胶体渗透压，吸收血管外的水分而扩充血容量，维持血压；使已经聚集的红细胞和血小板解聚，降低血液的黏稠性；抑制凝血因子Ⅱ的激活，防止血栓的形成。

（二）电解质及酸碱平衡药物

包括氯化钾、碳酸氢钠、乳酸钠、三羟甲基氨基甲烷（缓血酸胺）。

1. 氯化钾

主要用于钾摄入不足或排钾过量所致的钾缺乏症或低血钾症，静注钾盐应缓慢，防止血钾浓度突然上升而造成心脏骤停，肾功能障碍、尿闭及机体脱水、循环衰竭等情况禁用或慎用。

2. 碳酸氢钠

用于严重酸中毒（酸血症）、碱化尿液，其作用迅速、疗效确实，为防治代谢性酸中毒的首选药。但对组织有刺激性，注射时不可漏出血管外，避免与酸性药物、复方氯化钠、硫酸镁、盐酸氯丙嗪等混合应用，心脏、肾脏功能衰竭病畜应慎用。

3. 乳酸钠

主要用于代谢性酸中毒，但其作用不及碳酸氢钠迅速和稳定，应用较少。肝功能不全、休克缺氧、心功能不全患畜慎用。

4. 三羟甲基氨基甲烷（缓血酸胺）

既适用于治疗代谢性酸中毒，也适用于治疗急性呼吸性酸中毒，还适于治疗两者兼有的酸中毒。由于其不含钠，且有利尿作用，故对伴有急性肾功能衰竭、水肿或心衰的酸中毒病畜也适用。本品溶液呈强碱性，静注时勿漏于血管外；大剂量迅速滴入时，可因二氧化碳张力下降过快而抑制呼吸中枢，故忌用于慢性呼吸性酸中毒；应用过量或肾功能不全时，可引起碱血症，忌用于慢性肾性酸血症。

十、维生素和矿物质

维生素、矿物质、微量元素既是动物生活与生产必需的营养源性物质，同时又是治疗某些疾病的药源物质。

（一）常用维生素

包括维生素 A、维生素 D、维生素 E。

1. 维生素 A

治疗夜盲症、干眼病、性功能障碍等。

2. 维生素 D

治疗佝偻病、骨软化症、皮肤病、关节炎等。

3. 维生素 E

治疗卵巢功能下降、不孕、流产等，犊牛白肌病、肌萎缩等。

（二）矿物质类

包括氯化钙注射液、氯化钙葡萄糖注射液、钙镁葡萄糖注射液、葡萄糖酸钙、碳酸钙和乳酸钙。

1. 氯化钙注射液、氯化钙葡萄糖注射液

治疗产褥热、骨软症、佝偻病、荨麻疹、渗出性水肿、瘙痒性皮肤病等钙缺乏症，静脉注射必须缓慢，应用洋地黄或肾上腺素期间禁用；氯化钙刺激性强，静脉注射不能漏出血管外，一旦外漏，应迅速吸出药液，再在漏药处局部注射 25% 硫酸钠注射液 10~25 毫升，严重时应切开处理。

2. 钙镁葡萄糖注射液

治疗酮血症、低镁症、运输热、产后强直痉挛等。

3. 葡萄糖酸钙

同氯化钙，含钙量低、刺激性小，注射比氯化钙安全。

4. 碳酸钙、乳酸钙

治疗钙缺乏症。碳酸钙可作为制酸药（中和胃酸）和吸附性止

泻药。

（三）微量元素类药物

包括磷酸二氢钠、亚硒酸钠、亚硒酸钠维生素 E 注射液、氯化钴、硫酸铜和硫酸锌。

1. 磷酸二氢钠

治疗骨软症、钙磷缺乏症，补充各类牛群的钙磷需要等。

2. 亚硒酸钠、亚硒酸钠维生素 E 注射液

治疗营养性肌肉萎缩（白肌病）、肝坏死、受精率下降、死胎或流产，硒属剧毒药物，用量不宜过大，密闭保存；肉牛宰前 60 天停药。

3. 氯化钴

治疗恶性贫血、肝脏脂肪变性，过量使用导致红细胞增多，中毒与缺乏症相似。

4. 硫酸铜

治疗生长障碍，骨畸形，被毛粗乱、色变浅。

5. 硫酸锌

治疗生长慢，被毛粗乱，乳房及四肢皲裂。

十一、解毒药

动物在生存和生产过程中有时会接触或误食一些有毒有害物质，包括农药残留、化肥污染以及草料的不当发酵产物等。中毒后的科学解毒是牛场兽医必须掌握的基本技能。解毒药有特效解毒药、其他解毒药。

（一）特效解毒药

包括碘解磷定、氯磷定、双解磷、双复磷和阿托品。

碘解磷定、氯磷定对内吸磷（1059）、对硫磷（1605）、乙硫磷等急性中毒疗效显著，碘解磷定作用迅速，分解迅速，维持时间短，大量用药或注射过快易引起呼吸中枢抑制、呕吐、运动失调，甚至呼吸衰竭；应与阿托品同时使用；忌与碱性药物同时使用。氯磷定对胆碱酯酶的复活能力较强，不能透过血脑屏障。

双解磷、双复磷作用同碘解磷定，作用较碘解磷定强，双解磷副作用大，易损害肝脏。

阿托品用于有机磷中毒，可用于肠痉挛、肠套叠、急性肠炎等病。

（二）其他解毒药

包括乙酰胺（解氟灵）、亚甲蓝（美蓝）、硫代硫酸钠、二巯基丙醇、二巯基丙磺酸钠、二巯基丁二酸钠和青霉胺。

乙酰胺（解氟灵）用于解除氟乙酰胺中毒，但刺激性强，注射时应配合普鲁卡因缓解疼痛；亚甲蓝（美蓝）小剂量解除亚硝酸盐中毒，大剂量可治疗氰化物中毒；硫代硫酸钠用于砷、铋、汞、铅等中毒的解救；二巯基丙醇用于汞、砷、锑等的中毒；二巯基丙磺酸钠用于汞、砷、铬、铋、铜中毒的解救；二巯基丁二酸钠用于锑、汞、铅、砷等中毒的解救；青霉胺可有效络合铜、汞、铅，用于金属毒物的消除。

十二、消毒药及外用药

（一）消毒药

消毒药包括酚类、醛类、碱类、酸类及氧化剂类。

1. 酚类消毒药

分为苯酚（石炭酸）、煤酚皂溶液（来苏儿）、松馏油、鱼石脂（依克度）、复合酚、复方煤焦油酸溶液（农福）、甲酚磺酸。

（1）苯酚（石炭酸）　能杀灭细菌繁殖体、真菌与某些病毒，常温下对芽孢无杀灭作用。本品忌与碘、溴、高锰酸钾、过氧化氢等配伍应用。因毒性较强，不宜用于创伤、皮肤的消毒。

（2）煤酚皂溶液（来苏儿）　用于体表、手术器械、厩舍、污物等消毒。

（3）松馏油　具有防腐、杀虫和刺激感觉神经末梢的作用，用于治疗蹄叉腐烂等蹄病。对创伤和慢性湿疹，可用软膏剂、搽剂治疗。

（4）鱼石脂（依克度）　能消炎、消肿、促进肉芽组织生长。用于治疗慢性皮肤炎、蜂窝织炎、腱炎、腱鞘炎、溃疡及湿疹等。

（5）复合酚 新型、广谱、高效消毒剂。可杀灭细菌、霉菌和病毒，对多种寄生虫卵也有杀灭作用。主要用于畜禽舍、笼具、饲养场地、排泄物的消毒。禁止与碱性药物或其他消毒药液混用，严禁使用喷洒过农药的喷雾器喷洒本药。

（6）复方煤焦油酸溶液（农福） 主要用于畜禽舍、器具、车辆等的消毒，禁忌与复合酚相同。

（7）甲酚磺酸 为一种杀菌力强、毒性较小的杀菌消毒剂，杀菌力较煤酚皂溶液强。可用于环境消毒及器械、用具的消毒。可代替煤酚皂溶液，用于洗手、洗涤和消毒器械及用具等。

2. 醛类

分为甲醛溶液（福尔马林）、环氧乙烷、露它净溶液和戊二醛。

（1）甲醛溶液（福尔马林） 具有强大的广谱杀菌作用。对细菌繁殖体、芽孢、真菌和病毒都有效。人员、器械消毒以 1 : 250 倍稀释；禽舍喷雾消毒剂以 1 : （125~500）倍稀释。现用现配。密封，阴凉处防冻保存。

（2）环氧乙烷 对各种微生物都敏感，穿透力强，对大多数物品无损害。用于杀灭细菌繁殖体，每立方米空间用 300~400 克，作用 8 小时；杀灭污染霉菌，每立方米空间用 700~950 克，作用 8~16 小时；杀灭细菌芽孢，每立方米空间用 800~1 700 克，作用 16~24 小时。环氧乙烷气体消毒时，最适宜的相对湿度为 30%~50%，温度以 40~54℃为宜，不应低于 18℃，消毒时间越长，消毒效果越好，一般为 8~24 小时。消毒过程中应注意防火、防爆，防止消毒袋、柜泄漏，控制好温度、湿度，不可用于饮水和食品消毒。如环氧乙烷液体沾染皮肤，应立即用大量清水或 3%硼酸溶液反复冲洗。皮肤症状较重或不缓解应去专科医院就诊。眼睛污染者，用清水冲洗 15 分钟后点四环素可的松眼膏。灭菌后产品有环氧乙烷及其产物残留，不能立即使用。

（3）露它净 为外用防腐消毒剂 对多种细菌及真菌均有杀灭作用。在 0.15~0.2 毫克/毫升浓度下，几乎能杀灭所有病原微生物。主要用于牛的慢性子宫内膜炎、子宫颈炎、阴道炎及因此而造成的不孕症。36%露它净溶液用于冲洗、涂搽患处。直接用于黏膜处时，可稀释成1%~1.5%的溶液，其他患处可直接应用本品。子宫内灌注时稀释成4%溶液，牛100~200毫升。本品水溶液稳定，可与抗生素和磺胺药同时应用，但不得与纺织品和皮革制品接触。

（4）戊二醛 对繁殖期革兰氏阳性菌和阴性菌作用迅速，对耐酸菌、芽孢、某些霉菌和病毒也有作用。在酸性溶液中较为稳定，在pH值7.5~8.5时作用最强。2%戊二醛溶液用于橡胶、塑料制品及手术器械的消毒。浸洗、喷雾消毒以1:（500~1 000）为宜。避免接触皮肤和黏膜。遮光、密封、凉暗处保存。

3. 碱类

分为氢氧化钠（苛性钠）和氧化钙（生石灰）。

（1）氢氧化钠 能溶解蛋白质，破坏细菌的酶系统和菌体结构，对机体组织细胞有腐蚀作用；对细菌繁殖体、芽孢、病毒都有很强的杀灭作用；对寄生虫卵也有杀灭作用。氢氧化钠杀菌作用主要取决于氢氧离子的浓度，同时与溶液的温度也有一定关系。2%氢氧化钠热溶液用于被病毒和细菌污染的厩舍、饲槽和运输车船等消毒，3%~5%氢氧化钠溶液用于炭疽芽孢污染的场地消毒，5%氢氧化钠溶液用于腐蚀皮肤赘生物、新生角质等。新鲜的草木灰中含不同量的氢氧化钾（作用与氢氧化钠相同）和碳酸钾，可用于消毒。用草木灰30千克加水100升，煮沸1小时，去灰渣后加水到原来的量，可代替氢氧化钠消毒。高浓度氢氧化钠溶液可灼伤皮肤组织，对铝制品、棉、毛织物、漆面有损坏作用。密封保存。

（2）氧化钙 与水混合时生成氢氧化钙（消石灰），其消毒作用与解离的氢氧离子多少有关。对大多数繁殖期病菌有较强的消毒作用，但对炭疽芽孢无效。一般加水配成10%~20%石灰乳，涂刷厩舍墙壁、畜栏和地面消毒。氧化钙每千克加水350毫升，生成消石灰粉末，可撒布在阴湿地面、粪池周围及污水沟等处消毒。消石灰可从空气中吸收二氧化碳，变成碳酸钙而失效，故应现用现配。

4. 酸类

分为硼酸、水杨酸（柳酸）和苯甲酸。

（1）硼酸 因刺激性较小，不损伤组织，常用于冲洗较敏感的组织。2%~4%的硼酸溶液用于冲洗眼、口腔黏膜等，3%~5%硼酸溶液冲洗新鲜创伤（未化脓）。硼酸磺胺粉（1∶1）治疗创伤。硼酸甘油（31∶100）治疗口腔、鼻黏膜炎症。硼酸软膏（50%）治疗溃疡、褥疮等。硼酸只有抑菌作用，没有杀菌作用。

（2）水杨酸　杀菌作用较弱，但有良好的杀霉菌作用，并有溶解角质的作用。水杨酸5%~10%乙醇溶液用于治疗霉菌性皮肤病；5%~20%乙醇溶液能溶解角质，促进坏死组织脱落；5%乙醇溶液或纯品可治疗蹄叉腐烂等；1%软膏用于肉芽创的治疗。因对胃黏膜刺激性强，故不能内服。

（3）苯甲酸　具有抑制霉菌的作用，用于治疗皮肤霉菌病，可用作药剂的防腐剂。用于饲料防霉时，可先用乙醇配成溶液，再加入饲料中充分搅拌均匀。在pH值5以下时杀菌效力最大，可用作药剂的防腐剂。饲料添加剂量不超过0.1%。苯甲酸能与水杨酸等配成复方苯甲酸软膏或复方苯甲酸涂剂等，治疗皮肤霉菌病。

5. 氧化剂类

分为过氧化氢溶液（双氧水）、高锰酸钾和过氧乙酸。

（1）过氧化氢溶液　临床上主要用于清洗化脓创面或黏膜。过氧化氢在接触创面时，由于分解迅速，会产生大量气泡，将创腔中的脓块和坏死组织排除，有利于清洁创面。1%~3%溶液用于清洗化脓创面，0.3%~1%溶液用于冲洗口腔黏膜，3%以上高浓度溶液对组织有刺激性和腐蚀性。通常保存浓过氧化氢溶液（含过氧化氢27.5%~31%），临用时稀释成3%的溶液。过氧化氢与组织相遇立即分解，放出初生态氧而呈现杀菌作用。但作用时间短，穿透力也很弱，且受有机物质的影响，故杀菌作用很弱。久贮易失效，密封、阴凉处保存。

（2）高锰酸钾　为强氧化剂，遇有机物时即起氧化反应。由于无游离态氧原子放出，因而不出现气泡。高锰酸钾的抗菌、除臭作用比过氧化氢溶液强而持久，但其作用极易因有机物的存在而减弱。高锰酸钾还原后所生成的二氧化锰，能与蛋白质结合生成蛋白盐类复合物，故有收敛、止泻等作用。可用于生物碱、氰化物中毒时洗胃，治疗毒蛇咬伤等。内服，一次量牛5~10克，配成0.1%~0.5%溶液。用

0.01% ~0.05%溶液洗胃，可用于某些有机物中毒的治疗。1%溶液可冲洗毒蛇咬伤的伤口。外用0.1%高锰酸钾溶液，冲洗黏膜及皮肤创伤、溃疡等。高锰酸钾溶液宜临用现配，久贮易还原失效。密封保存。

（3）过氧乙酸　具有高效、速效和广谱杀菌作用，对细菌、芽孢、霉菌和病毒均有效，对组织有刺激性和腐蚀性。0.05% ~0.5%溶液1分钟能杀死芽孢，0.05~0.5毫升/升溶液1分钟可杀死细菌，1%溶液1分钟能杀死大量污染牛皮肤的红色毛发癣菌。0.5%溶液用于喷洒消毒畜舍、饲槽、车辆，0.04% ~0.2%溶液用于耐酸塑料、玻璃、搪瓷和橡胶制品的短时浸泡消毒，5%溶液按每立方米2.5毫升喷雾消毒密封的实验室、无菌室、仓库等。过氧乙酸稀释液不能久贮，应现用现配。过氧乙酸能腐蚀多种金属，并对有色棉织品有漂白作用。蒸汽有刺激性，消毒畜舍时动物一般不应留在舍内。

（二）黏膜皮肤外用药

黏膜皮肤外用药包括醇类、季铵盐类、染料类。

1.醇类外用药

分为乙醇（酒精）、苯氧乙醇、三氯叔丁醇。

（1）乙醇（酒精）　以70%~75%乙醇杀菌力最强，可杀死一般繁殖期的病菌，但对芽孢无效。浓度超过75%时，消毒作用减弱，影响杀菌效果。乙醇对组织有刺激作用，浓度越大，刺激性越强。用浓乙醇涂搽或热敷，可治疗急性关节炎、腱鞘炎、肌炎等。

（2）苯氧乙醇　是局部用抗菌剂，特别对绿脓杆菌有效，对普通变形杆菌和革兰氏阴性菌的作用较弱，对革兰氏阳性菌的作用极弱。

（3）三氯叔丁醇　具有杀灭细菌和霉菌的作用。在注射液和眼药水中用作防腐剂，具有轻微的镇痛及催眠作用，与水合氯醛相似，但效力及刺激性都较小。

2.季铵盐类外用药

分为苯扎溴铵、双链季铵盐消毒液、双链季铵盐－戊二醛消毒液。

（1）苯扎溴铵　为防腐消毒药，用于手术器械、皮肤和创面消毒。本品应禁与肥皂（阴离子表面活性剂）、碘、碘化钾、过氧化物配伍应用；不宜用于眼科器械和合成橡胶制成品的消毒。

（2）双链季铵盐消毒液　为防腐消毒药，用于厩舍、饲喂器具、牛、饮水等灭菌消毒。

（3）双链季铵盐－戊二醛消毒液　为防腐消毒药，用于养殖场地、设备器械的消毒。

3. 染料类外用药

分为甲紫、利凡诺（雷佛奴尔）。

（1）甲紫　为防腐消毒药，用于黏膜、皮肤的创伤、烧伤和溃疡。

（2）利凡诺　对革兰氏阳性菌及少数阴性菌有抑菌作用，但作用缓慢；对组织无刺激性，毒性低，穿透力较强，常用于冲洗创口或湿敷感染的创伤。

（三）影响防腐消毒药作用效果的因素

影响防腐消毒药抗菌作用效果不仅决定于药物本身的理化性质，还包括以下几方面。

1. 药物浓度与作用时间

药物的浓度越高，作用时间越长，效果越好，但对组织的刺激也越大。如浓度过低，接触时间太短，则难以达到消毒目的。因此，必须根据各种防腐消毒药的特性，掌握适当的药物浓度和作用时间。

2. 温度

温度高低与防腐消毒药的抗菌效果成正比，温度越高杀菌效力越强。温度每增高 10℃，消毒效果增强 1~2 倍。

3. 有机物

防腐消毒药的抗菌作用是与环境中有机物量的多少成反比，有机物的量越多，消毒效力越差。脓、血、蛋白质等有机物一方面可以掩盖病原体起着保护作用，另一方面其中的蛋白质可与防腐消毒药结合而降低药物的效力。因此，当用于感染创面或消毒物品时，要把感染创面中脓、血等冲洗干净。对环境进行消毒时要把消毒场所打扫干净。

4. 酸碱度

环境中的酸碱度对某些防腐消毒药有明显的影响。例如表面活性剂中的季铵盐类化合物，其杀菌作用随 pH 值升高而明显加强，苯甲酸则在碱性环境中作用减弱。

5. 微生物的敏感性

不同种的微生物对不同防腐消毒药的敏感性有很大差异。病毒对酚类的耐受性很大，对碱却很敏；乳酸杆菌和结核分枝杆菌对酸的抵抗力较大；生长繁殖期的细菌易受防腐消毒药的作用，而细菌芽孢则较难杀灭。

6. 药物的拮抗

两种防腐消毒药合用时常会降低药效，这是由于物理或化学上的配伍禁忌产生的拮抗现象。如阴离子清洁剂肥皂与阳离子清洁剂合用时可发生化学反应，使消毒效果减弱乃至完全消失。

第二节　牛场兽医用药原则

一、药物的作用

在牛疾病防治过程中，药物是用于诊断、预防、治疗疾病不可缺少的常用物质。临床上，如果用药方法不当或使用剂量不准确，就达不到防治疾病的目的，同时还可能对牛产生毒害，甚至导致死亡。更严重的是药物通过机体代谢进入产品，造成药物残留，直接或间接地影响到人类的健康。因而，掌握牛病防治用药知识，对有效防治牛疾病以及确保公共卫生安全具有重要意义。

（一）药物的选用

牛用药必须在国家批准的兽药生产厂家或兽药经销店购买，即来源正确。同时购药时要注意药物的生产日期、有效期、外包装的完好、药物的颜色、剂型是否符合药物说明书，严禁使用变质、腐败、发霉、生虫等的药品，增强质量重于一切的意识，以确保药物的品质和疗效。

（二）正确诊断

正确诊断疾病是用药的基础，药物品种繁多，疾病各种各样，只有对症下药，方能达到理想的用药效果。

（三）用药方法

药物的浓度和一定的用药期是防病治病的保证，治疗用药一定要达到一定的药物浓度和一定的疗程，只有在体内保持一定的药物浓度和作用时间才能足以杀灭病原体。药物用量过大会导致动物中毒，而剂量过小则不能杀灭病原体，相反还会使病原产生耐药性，给治疗工作带来困难。

1．药物的剂量

剂量即临床上的一次用药量。一般而言，剂量越大，药物作用越强，呈正比关系，但有一定的限度，药物的剂量增大到一定的程度，药物的作用则会由量变到质变，引起机体中毒甚至死亡，即药物的使用剂量，存在着一定的安全范围。

2．药物的安全范围

当药物剂量很小时，尚未呈现药物作用，称无效量。从无效量逐渐增大用量，开始出现药效时的剂量为最小有效量。有效量增加到最大时，称为极量。极量是《兽医药品规范》中对毒、剧药品规定的限量，为确保安全，一般用药不应超过极量，因为极量已接近最小中毒量。由最小有效量到极量之间为常用量的范围，称治疗量，也是药物的安全使用范围。超过极量，达到机体开始出现中毒的剂量，称最小中毒量。随着最小中毒量的增加，使机体中毒甚至引起死亡的剂量分别称为中毒量及致死量。安全范围广的药物，临床使用安全性大；安全范围窄的药物，安全性小。

临床选定药物剂量时，既要注意到药物的安全范围，又要根据病牛的年龄、体重、生理时期、病情、病因等具体情况来决定，并在用药后注意观察治疗效果，按病情酌情加以调整。

（1）防治作用 药物的防治作用包括使用药物的预防作用和治疗

作用。

① 预防作用。在疾病发生之前，使用药物进行预防，称预防作用。如有计划地使用疫（菌）苗预防注射以及驱虫药物驱虫就能起到预防作用。② 治疗作用。药物针对疾病发挥有利机体恢复健康的作用，称为治疗作用。针对疾病产生的原因，称为对因治疗或病因治疗；针对疾病表现的症状进行的治疗，称为对症治疗。一般情况下，对因治疗是主要的，尤其是治疗感染性疾病时，消除病因后，病牛就很快康复。而一旦病状严重，不仅可使疾病恶化，甚至危及生命时，对症治疗就成为主要的了。因此临床对因治疗和对症治疗两者应密切配合，辨证施治，方可获得最佳治疗效果。

（2）不良反应　药物在发挥治疗作用的同时也会产生一些与治疗无关或反而有害的作用，称为不良反应。包括以下几种情况。

① 副作用。在药物的治疗量时，随同治疗作用出现的一些与治疗无关的、不需要的作用称为副作用。副作用往往是可以预料的。副作用和治疗作用有时两者可以互相转化。如当阿托品用于解除平滑肌痉挛性腹痛时，其抑制腺体分泌而引起的口腔干燥的作用为副作用。但当用作麻醉前给药时，抑制腺体分泌转为治疗作用，而抑制平滑肌张力则转为副作用了。② 毒性作用或毒性反应。除少数敏感性特别高的个体外，一般是在用药剂量过大或用药时间过长而出现的对动物机体的损害作用，严重时可危及生命。这种情况只要注意病牛的体况、用药的剂量和疗程，一般毒性反应是可以避免的。③ 过敏反应。少数高度敏感的病牛，在治疗量或低于甚至远低于治疗量时，便发生一般机体中毒量时也不发生的、并非药物固有作用的特异反应。例如麻药过敏，在使用前应准备苏醒灵解救。

鉴于上述情况，临床用药要懂得药物的使用知识，了解不同药物的特性，以减少或避免不良反应的发生。

（3）用药疗程　疗程是指使用抗微生物药物治疗疾病所需要持续的一段时间，即抗菌药物必须在一定期限内连续给药才能达到一定的治疗效果，这种连续给药的期限称为疗程。例如，磺胺类药物一般以 3~4 天为一个疗程，最长不超过 7~8 天。各类药物重复给药的间隔时间不

同，需要参考药物的各种半存留期而定。当一个疗程不能奏效时，应分析原因，决定是否再用一个疗程，或是改换方案，更换药物。毒性大的药物如某些抗寄生虫药，往往短时期内只用药一两次，再重复给药须经数日或数周甚至更长时间。

部分药物一次用药即可达到用药目的，如泻药、麻药等，但对大多数药物来说，必须重复给药才能奏效。为了维护药物在体内的有效浓度，获得疗效，而同时又不致出现毒性反应，就需要注意给药次数与重复给药的间隔时间。大多数抗微生物药物，一日可给药2~3次，疗程为3~5天。

二、联合用药

在疾病的治疗过程中，同时合用两种以上的药物叫联合用药。联合用药的目的是利用药物的协同作用增强疗效，如磺胺与抗菌增效剂联用。而药物的拮抗作用可用于解除药物的中毒，如麻药中毒可用中枢兴奋药解救。

两种或两种以上的药物对病原体有协同和拮抗作用。具有协同作用的药物，搭配使用可增加药物的治疗效果，缩短治疗时间，并可防止病原体产生耐药性。而具有拮抗作用的药物则不能同时使用，如同时使用可能降低治疗效果甚至发生毒性反应，导致病情加剧甚至死亡。

我国中医药学的许多方剂，都是利用药物联合的协同作用来发挥在疾病治疗过程中的药效的。部分药物联合使用，可发挥协同作用，增加治疗效果。

牛用药知识包括药物的剂量与治疗作用、药物的使用技术以及用药应注意的问题等。

（一）药物的使用技术

药物的使用技术包括药物的选择、药物的用量、用药疗程等。

1. 药物的选择

通常治疗一种疾病有多种药物可供选用，而选择哪一种最合适，请根据以下几方面综合考虑。

（1）疗效确切 如犊牛副伤寒、沙门氏菌感染，增效磺胺、氨苄青霉素、四环素类、呋喃类环、丙沙星类都可选用。

（2）不良反应小 有的药物疗效虽然好，但毒副作用严重，相比之下还是应选择使用毒副作用小、比较安全的药物。如磺胺类药物抗菌谱较广，价格也便宜，能抵制大多数革兰氏阳性菌及某些阴性菌，但对体弱的幼龄家畜，或长期大量给药时，就会出现精神沉郁、血尿、体温升高等不良反应，这时就应考虑选用抗生素或喹诺酮类药物来治疗。

（3）价格便宜 牛是饲养费用较高的经济动物，治疗疾病时必须精打细算，尽量选择疗效显著而价格低廉、使用方便的药品。例如治疗胃肠疾病时，能采用口服药物的，就不一定要打针，以减少用药费用。

2.药物的用量

药物的用量多按动物每千克体重计算。药物用量的计算单位，重量单位多用克、毫克等来表示，容量单位多用升、毫升来表示，部分抗生素、激素、维生素及抗毒素（抗毒血清）用特定单位（U）或国际单位（IU）来表示。

采用混饲、混饮等群体给药方法时，常使用毫克 / 千克（兆比率，百万分率）来表示饲料或水中所含药物的浓度。通常情况下，一般药物的用量是按某种药物的说明书规定的剂量使用，特殊情况下，药物的用量是根据药理及试验使用的结果，或本人的临床经验总结，结合具体情况来选定，但都要考虑其安全范围。

（二）用药应注意的问题

1.种群与个体因素

动物的种类以及个体间对药物的反应与敏感性存在着一定的差异。

（1）动物种类 奶牛对药物的敏感性与其他动物有些不同。比如，催吐药酒石酸锑钾可以引起猪的呕吐，而对牛羊仅起促进反刍和祛痰的作用；牛的支气管腺发达，对全麻药水合氯醛最敏感，容易引起过多的痰液分泌，猪则能耐受；牛的胃构造特殊，庞大的瘤胃内含有助消化的生物群，内服四环素族药物会扰乱瘤胃微生物群的正常活动，导致消化障碍；牛对汞剂特别敏感，最易引起中毒。

（2）个体差异　一般情况，幼牛、老牛对药物的敏感性比成年牛高，因而用药量应适当减少。妊娠后期的母牛对拟胆碱药敏感，易引起流产，不宜选用。不同个体对同一种药的敏感性不同，有的呈高敏感性，有的呈低敏感性，实践中发现这种情况，要适当变更药物剂量或改用其他药物。

2. 药品质量

（1）生产日期和有效期　我国兽药厂生产的药品批号与出厂日期是合在一起的，标签上注明的有效期，要根据批号来推算。过期的药物则效能降低或失去治疗作用，甚至产生有毒有害反应，严禁使用。

（2）GMP 标志　GMP 即生产质量管理规范。从 2005 年开始，我国实行兽药质量合格认证标志为 GMP，因而购买或使用时要查看 GMP 标志，没有经过 GMP 质量认证的药品属不合格药品，治疗效果就不可靠。

三、配伍禁忌

处方中不能配合使用的药物，称配伍禁忌。

（一）分类

1. 药理性配伍禁忌

是指某些药物其药理作用相反（拮抗），相互配合使用则影响药效，如拟胆碱药（毛果芸香碱）和抗胆碱药（阿托品）。临床上，有时为了降低某种药物的毒性，从治疗或解毒的角度出发，有意识地将药理作用相反的两种药物配合使用，则不属配伍禁忌，如安溴（安钠咖＋溴化钠）注射液。对一些在作用上虽不相互拮抗，甚至起协同作用，但同时应用会增强其中一药毒性者，也不能配合使用，如钙剂可增加洋地黄的强心作用。

2. 化学性配伍禁忌

药物成分之间会产生不利的化学反应，如呈现沉淀、变色、燃爆以及肉眼看不见的水解等化学变化，产生毒性或降低药效，不能配合使用，如青霉素遇酸、碱、醇和热等可分解失效；氧化剂遇有机物会发生爆炸，如高锰酸钾和甘油或糖等研磨。

3.物理性配伍禁忌

药物的成分配合在一起时，发生物理性变化而影响疗效的药物不能配合使用。如抗生素与吸附药配合，使抗生素被吸附而降低作用效果。临床用药时，要详细阅读药物使用说明书。

（二）常用药物的配伍禁忌如下

1.消毒防腐药

消毒防腐药中漂白粉禁忌配伍酸类；酒精禁忌配伍氯化剂、无机盐等；硼酸禁忌配伍碱性物质和鞣酸；碘及其制剂禁忌配伍氨水、铵盐类、重金属盐、生物碱类药物、淀粉、龙胆紫和挥发油；阳离子表面活性消毒药禁忌配伍阴离子如肥皂类、合成洗涤剂、高锰酸钾、碘化物；高锰酸钾禁忌配伍氨及其制剂、甘油、酒精、鞣酸、甘油、药用炭；过氧化氢溶液禁忌配伍碘及其制剂、高锰酸钾、碱类、药用炭；氨溶液禁忌配伍酸及酸性盐、碘溶液如碘酊。

2.抗生素

抗生素中青霉素禁忌配伍酸性药液如盐酸氯丙嗪、四环素类抗生素注射液、碱性药液如磺胺药、碳酸氢钠注射液、高浓度乙醇、重金属盐、氧化剂如高锰酸钾、快效抑菌剂如四环素；红霉素禁忌配伍碱性溶液如磺胺、碳酸氢钠注射液、氯化钠、氯化钙、林可霉素；链霉素禁忌配伍较强的酸、碱性液、氧化剂、还原剂、利尿酸、多黏菌素E；多黏菌素E禁忌配伍骨骼肌松弛药、先锋霉素I，配伍则毒性增强；四环素类抗生素如四环素、土霉素、金霉素、盐酸多西环素等禁忌配伍中性及碱性溶液如碳酸氢钠注射液、生物碱沉淀剂、阳离子（一价、二价或三价离子）；先锋霉素Ⅱ禁忌配伍强效利尿药，否则增大对肾脏毒性。

3.合成抗菌药

药中磺胺类药物禁忌配伍酸性药物、普鲁卡因、氯化铵，否则析出沉淀、疗效减低、无效或增加肾脏毒性；氟喹诺酮类药物如诺氟沙星、环丙沙星、氧氟沙星、洛美沙星、恩诺沙星等禁忌配伍金属阳离子、强酸性药液或强碱性药液。

4.抗蠕虫药

左旋咪唑禁忌配伍碱类药物；百虫禁忌配伍碱类、甲硫酸新斯的明、肌松药；硫双二氯酚禁忌配伍乙醇、稀碱液、四氯化碳，否则毒性增强。

5.抗球虫药

氨丙啉、甲硫胺禁忌配伍维生素 B_1，否则疗效降低；莫能菌素、盐霉素、马杜霉素、拉沙洛菌素禁忌配伍泰乐霉素、竹桃霉素，否则抑制动物生长，甚至中毒死亡。

6.麻醉药与化学保定药

水合氯醛禁忌配伍碱性溶液或久置、高热，否则易分解、失效；赛拉唑禁忌配伍碱类药液；戊巴比妥钠禁忌配伍酸性溶液或久置、高热；苯巴比妥钠禁忌配伍酸类药液；普鲁卡因禁忌配伍磺胺药、氧化剂，否则疗效减弱或失效；琥珀胆碱禁忌配伍水合氯醛、氯丙嗪、普鲁卡因、氨基糖苷类抗生素，否则引起肌松过度。

7.镇静药

氯丙嗪禁忌配伍碳酸氢钠、巴比妥类钠盐、氧化剂；溴化钠禁忌配伍酸类、氧化剂、生物碱类；巴比妥钠禁忌配伍酸类、氯化铵。

8.中枢兴奋药

咖啡因（碱）禁忌配伍盐酸四环素、盐酸土霉素、鞣酸、碘化物；尼可刹米、山梗菜碱禁忌配伍碱类。

9.镇痛药

吗啡禁忌配伍碱类、巴比妥类，否则析出沉淀、毒性增强；杜冷丁禁忌配伍碱类。

10.植物神经药物

硝酸毛果芸香禁忌配伍碱性药物、鞣质、碘及阳离子表面活性剂；硫酸阿托品禁忌配伍碱性药物、鞣质、碘及碘化物、硼砂；肾上腺素、去甲肾上腺素禁忌配伍碱类、氧化物、碘酊、三氯化铁、洋地黄制剂，易失效或引起心律不齐。

11.健胃与助消化药

禁忌配伍强酸、碱、重金属盐、鞣酸溶液；乳酶生禁忌配伍酊剂、抗菌剂、鞣酸蛋白、铋制剂；干酵母禁忌配伍磺胺类药物；稀盐酸禁忌配伍有机酸盐如水杨酸钠；人工盐禁忌配伍酸性药液；胰酶禁忌配伍酸性药物如稀盐酸；碳酸氢钠禁忌配伍酸及酸性盐类、鞣酸及其含有物、生物碱类、镁盐、钙盐、次硝酸铋。

12. 祛痰药

氯化铵禁忌配伍碳酸氢钠、碳酸钠等碱性药物、磺胺药；碘化钾禁忌配伍酸类或酸性盐。

13. 强心药

毒毛花苷 K 禁忌配伍碱性药液如碳酸氢钠、氨茶碱；洋地黄毒苷禁忌配伍钙盐、钾盐、酸或碱性药物、鞣酸、重金属盐。

14. 止血药

肾上腺素色腙禁忌配伍脑垂体后叶素、青霉素 G、盐酸氯丙嗪、抗组胺药、抗胆碱药；酚磺乙胺禁忌配伍磺胺嘧啶钠、盐酸氯丙嗪；亚硫酸氢钠甲萘醌禁忌配伍还原剂、碱类药液、巴比妥类药物。

15. 抗凝血药

肝素钠禁忌配伍酸性药液、碳酸氢钠、乳酸钠；枸橼酸钠禁忌配伍钙制剂如氯化钙、葡萄糖酸钙。

16. 抗贫血药

硫酸亚铁禁忌配伍四环素类药物、氧化剂，否则易引起氧化变质、妨碍吸收。

17. 平喘药

平喘药中氨茶碱禁忌配伍酸性药液如维生素 C、四环素类药物盐酸盐、盐酸氯丙嗪等；麻黄素（碱）禁忌配伍肾上腺素、去甲肾上腺素，否则毒性增强。

18. 泻药

硫酸钠禁忌配伍钙盐、钡盐、铅盐；硫酸镁禁忌配伍中枢抑制药，否则增强中枢抑制。

19. 利尿药

利尿药呋塞米（速尿）禁忌配伍氨基苷类抗生素如链霉素、卡那霉素、新霉素、庆大霉素头孢噻啶、骨骼肌松弛剂，否则增强耳、肾中

毒，使骨骼肌松弛加重。

20.脱水药

甘露醇、山梨醇禁忌配伍生理盐水或高渗盐，否则疗效减弱。

21.糖皮质激素类药物

盐酸可的松、强的松、氢化可的松、强的松龙禁忌配伍苯巴比妥钠、苯妥英钠、强效利尿药、水杨酸钠、降血糖药。

22.性激素与促性腺激素药

促黄体素禁忌配伍抗胆碱药、抗肾上腺素药、抗惊厥药、麻醉药、安定药。绒促性素遇热、氧易水解、失效。

23.影响组织代谢药

维生素 B_1 禁忌配伍生物碱、碱、氧化剂、还原剂、氨苄西林、头孢菌素Ⅰ和Ⅱ、多黏菌素，否则容易分解失效；维生素 B_2 禁忌配伍碱性药液、氨苄西林、头孢菌素Ⅰ和Ⅱ、多黏菌素、四环素、金霉素、土霉素、红霉素、链霉素、卡那霉素、林可霉素；维生素C禁忌配伍氧化剂、碱性药液如氨茶碱、钙制剂溶液、氨苄西林、头孢菌素Ⅰ和Ⅱ、四环素、土霉素、多西环素、红霉素、新霉素、链霉素、卡那霉素、林可霉素；氯化钙禁忌配伍碳酸氢钠、碳酸钠溶液；葡萄糖酸钙禁忌配伍碳酸氢钠、碳酸钠溶液、水杨酸盐、苯甲酸盐溶液。

24.解热镇痛药

阿司匹林禁忌配伍碱类药物如碳酸氢钠、氨茶碱、碳酸钠等；水杨酸钠禁忌配伍铁等金属离子制剂；安乃近禁忌配伍氯丙嗪，否则体温剧降；氨基比林禁忌配伍氧化剂。

25.解毒药

碘解磷定禁忌配伍碱性药物，否则水解为氰化物；亚甲蓝禁忌配伍强碱性药物、氧化剂、还原剂及碘化物；亚硝酸钠禁忌配伍酸类、碘化物、氧化剂、金属盐；硫代硫酸钠禁忌配伍酸类、氧化剂如亚硝酸钠；依地酸钙钠禁忌配伍铁制剂如硫酸亚铁，有干扰作用。

附注。

氧化剂：指漂白粉、双氧水、过氧乙酸、高锰酸钾等。

还原剂：指碘化物、硫代硫酸钠、维生素C等。

重金属盐：指汞盐、银盐、铁盐、铜盐、锌盐等。

酸类药物：指稀盐酸、硼酸、鞣酸、醋酸、乳酸等。

碱类药物：指氢氧化钠、碳酸氢钠、氨水等。

生物碱类药物：指阿托品、安钠咖、肾上腺素、毛果芸香碱、氨茶碱、普鲁卡因等。

有机酸盐类药物：指水杨酸钠、醋酸钾等。

生物碱沉淀剂：指氢氧化钾、碘、鞣酸、重金属等。

药液显酸性的药物：指氯化钙、葡萄糖、硫酸镁、氯化铵、盐酸、肾上腺素、硫酸阿托品、水合氯醛、盐酸氯丙嗪、盐酸金霉素、盐酸土霉素、盐酸四环素、盐酸普鲁卡因、糖盐水、葡萄糖酸钙注射液等。

药液显碱性的药物：指安钠咖、碳酸氢钠、氨茶碱、乳酸钠、磺胺嘧啶钠、乌洛托品等。

四、牛场规范用药与药残控制

养殖场的饲养环境应符合畜禽场环境质量标准的规定。饲养者应供给牛充足的营养，所用饲料、饲料添加剂和饮水应符合《饲料和饲料添加剂管理条例》、《无公害食品奶牛饲养饲料使用准则》和《无公害食品畜禽饮用水水质的规定》，按照《无公害食品　奶牛饲养管理准则》加强饲养管理，采取各种措施以减少应激，增强动物自身的免疫力。应严格按照《中华人民共和国动物防疫法》和《无公害食品　奶牛饲养兽医防疫准则》的规定进行预防，建立严格的生物安全体系，防止发病和死亡，最大限度地减少化学药品和抗生素的使用。确需使用治疗用药的，经实验室诊断确诊后再对症下药，兽药的使用应有兽医处方并在兽医的指导下进行。用于预防、治疗和诊断疾病的兽药应符合《中华人民共和国兽药典》、《中华人民共和国兽药规范》、《中华人民共和国兽用生物制品质量标准》、《兽药质量标准》、《进口兽药质量标准》和《饲料药物添加剂使用规范》的相关规定。所用兽药应来自具有《兽药生产许可证》和产品批准文号的生产企业或者具有《进口兽药许可证》的供应商。所用兽药的标签应符合《兽药管理条例》的规定。使用兽药时，还应遵循以下原则（引用原文）。

1. 应使用符合《中华人民共和国兽用生物制品质量标准》规定的疫苗预防牛疾病。

2. 允许使用消毒防腐剂对饲养环境、厩舍和器具进行消毒。但不能使用酚类消毒剂。

3. 允许使用符合《中华人民共和国兽药典》二部和《中华人民共和国兽药规范》二部规定的用于牛疾病预防和治疗的中药材和中成药。

4. 允许使用符合《中华人民共和国兽药典》、《中华人民共和国兽药规范》、《兽药质量标准》和《进口兽药质量标准》规定的钙、磷、硒、钾等补充药，酸碱平衡药，体液补充药，电解质补充药，血容量补充药，抗贫血药，维生素类药，吸附药，泻药，润滑剂，酸化剂，局部止血药，收敛药和助消化药。

5. 允许使用国家兽药管理部门批准的微生态制剂。

6. 允许使用的抗菌药、抗寄生虫药和生殖激素类药，使用中应注意以下几点。

（1）严格遵守规定的给药途径、使用剂量、疗程和注意事项。

（2）休药期应严格遵守规定的时间。

（3）未规定（附录A）休药期的品种，应遵守肉不少于28天、奶废弃期不少于7天的规定。

（4）抗寄生虫药外用时注意避免污染鲜奶。

7. 慎用作用于神经系统、循环系统、呼吸系统、泌尿系统的兽药及其他兽药。

8. 建立并保存牛的免疫程序记录；建立并保存患病奶牛的治疗记录，包括患病牛的畜号或其他标志、发病时间及症状、治疗用药的经过、治疗时间、疗程、所用药物商品名称及有效成分。

9. 禁止使用有致畸、致癌和致突变作用的兽药。

10. 禁止在饲料及饲料产品中添加未经国家畜牧兽医行政管理部门批准的《饲料药物添加剂使用规范》以外的兽药品种，特别是影响奶牛生殖的激素类药、具有雌激素样作用的物质、催眠镇静药和肾上腺素能药等兽药。

11. 禁止使用未经国家畜牧兽医行政管理部门批准作为兽药使用的药物。

12. 禁止使用未经国家畜牧兽医行政管理部门批准的用基因工程方法生产的兽药。

第四章　牛病的治疗技术

第一节　牛病的治疗技术

一、保定方法

（一）牛的接近

牛的性情温顺而倔强，对饲养员、挤奶员一般表现比较温顺，而对陌生人则比较倔强。接近病牛与实施检查、诊断时，首先要考虑人、畜安全。当牛低头凝视时一般不要接近。接近牛时，事先应向饲养员了解牛平时的性情，是否胆小、易惊，有否踢人、顶人的恶癖，并最好由饲养员在旁边进行协助，先投以温和的呼声，即向牛发出一个善意接近的信号，给牛以友好的感觉，消除牛的攻击心态，使其安静、温顺，然后再从牛的侧前方慢慢接近。接近后用手轻轻抚摸牛的颈侧，逐渐抚摸到牛的臀部，以便进行检查。

（二）牛的保定

保定的目的是在人、畜安全的前提下防止牛的骚动，便于疾病的检查与处置。

1. 简易保定法

（1）徒手握牛鼻保定法　在没有任何工具的情况下，先由助手协助提拉牛鼻绳或鼻环，然后术者先用一手抓住牛角，另一只手准确快捷地用拇指和食指、中指捏住牛的鼻中隔，达到保定的目的。多在注射及一般检查时应用。

（2）牛鼻钳保定法　与徒手握牛鼻保定方法相似，将牛鼻钳的两钳嘴替代手指抵入牛的两鼻孔，迅速夹紧鼻中隔，用一手或双手握持，亦可用绳拴紧钳柄固定（图4-1）。适用于注射或一般检查应用。

图4-1　牛鼻钳保定

（3）捆角保定法　用一根长绳拴在牛角根部，然后用此绳把角根捆绑于木桩或树上保定。为防止断角，可再用绳从臀部绕躯体一周拴到桩上，适用于头部疾病的检查和治疗。

（4）后肢保定法　用一根短绳在两后肢跗关节上方捆紧，压迫腓肠肌和跟腱，防止踢动（图4-2、图4-3）。适用于乳房、后肢以及阴道疾病的检查和治疗。

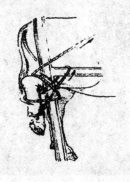

图4-2　后肢的提举保定

图4-3　两后肢保定

2. 柱栏内保定法或站立保定法

（1）单柱颈绳保定法 将牛的颈部紧贴于单柱，以单绳或双绳做颈部活结固定。适用于一般检查、直肠检查。

（2）两柱栏保定法 将牛牵至两柱栏的前柱旁，先用颈部活结使颈部固定在前单柱颈绳保定柱的一侧，再用一条长绳在前柱至后柱的挂钩上做水平缠绕，将牛围在前、后柱之间，然后用绳在胸部或腹部做上下、左右固定，最后分别在鬐甲和腰上打结固定（图4-4）。适用于修蹄以及瘤胃切开等手术时保定。

图4-4 牛两柱栏保定法

（3）六柱栏保定法 六柱栏基本结构为6个柱子（主要钢管制），用直径8~10厘米的无缝钢管焊接而成，采取固定在地面上（图4-5），也有的为可移动的六柱栏。其中2个门柱用以固定头颈部，2个前柱和2个后柱用以固定体躯和前肢，在同侧前后柱上，设有下横梁和上横梁，用以吊胸、腹带。保定时先将六柱栏的胸带（前带）装好，将牛由后方牵入六柱栏内，立即装上尾带，并把缰绳拴在门柱上。为防止牛从前带

图4-5 保定用六柱栏

跳出，可用一扁绳"压梁"，即用绳拴在下横梁上，再通过鬐甲部至对侧横梁上缠绕打结。同时为了防止卧下，应装好腹带。诊疗工作完毕，先解除鬐甲带，再解除腹带和前带，即可将牛牵出六柱栏。

3. 倒卧保定法

（1）背腰缠绕倒牛法　用一根长绳，在绳的一端做一个较大的活绳圈，套在两个角的基部，将绳沿非卧侧颈部外面和躯干上部向后牵引，在肩胛骨后沿处环胸绕一圈作成第一绳套，继而向后引至肷部，再环腹一周（此套应放至乳房前方，避免勒伤乳房）作成第二绳套。由两人慢慢向后拉绳的游离端，由另一人把持牛角，使牛头向下倾斜，牛立即蜷腿而慢慢倒下（图4-6、图4-7）。牛倒卧后，一定要固定好头部，不能放松绳端，否则牛易站起。固定好后，方可实施检查或处置，此法适用于外科手术。

图4-6　一条绳倒牛法

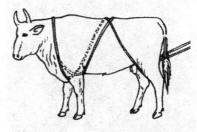

图4-7　一条绳倒牛变法

（2）拉提前肢倒牛法　将一根8~10米的圆绳折成一长一短的双叠，在折叠部作一个猪蹄扣，套在牛的倒卧侧前肢球节的上方（系部）。然后将短绳穿过胸下从对侧经背部返回，由一人固定，再将长绳端引向后方，在髋结节前方绕腰腹部作一环套，并继续引向后方，由另一人固定。令牛向前走一步，当牛抬举被套前肢的瞬间，用力拉紧绳索，牛即先跪下而后倒卧，一人迅速固定牛头，一人固定牛的后躯，一人速将缠在腰部的绳套向后拉并使之滑到两后肢的跗关节上方（跖部）而拉紧绳子，最后将两后肢与卧地侧前肢捆扎在一起。适用

于会阴部外科手术等。

二、经口给药方法

在牛病防治过程中，投药是最基本的防治措施。投药的方法很多，实践中应根据药物的不同剂型、剂量以及药物的刺激性和病情及其进程，选用不同的投药方法。

1.液剂药物灌服法

适用于液体性口服药物。

给牛灌药，建议采用专用灌药橡皮瓶（图4-8），若没有专用橡皮瓶，可使用长颈塑料瓶或长颈啤酒瓶，洗净后，装入药液备用。一般采用徒手保定，必要时采用牛鼻钳及鼻钳绳借助牛栏保定。

图4-8 灌瓶

灌服时，首先把牛拴系于牛栏活牛桩上，由助手紧拉鼻环或用手抓住牛的鼻中隔，抬高牛头，一般要略高于牛背，用另一只手的手掌托住牛的下颌，使牛嘴略高。术者一手从牛的一侧口角伸入，打开口腔并轻压牛的舌头，另一只手持盛有药液的橡皮瓶或长颈瓶，从另一侧口腔角伸入并送向舌背部，然后抬高灌药瓶的后部，并轻轻振抖，使药液流出，吞咽后继续灌服，直至灌完。

若药量较多，应分瓶次灌服，每瓶次药量不宜装得太多，灌服速度不宜太快。严禁药物呛入气管内，灌药过程中，如病牛发生强烈咳嗽时，立即暂停灌服，并使牛头低下，使药液咳出。

经口腔灌药，既可以往瘤胃内灌药，又可以往瓣胃以后的消化道灌药，不同的灌药方法会产生不同的效果。一般若每次灌服少量药液时，由于食道沟的反射作用，使食道沟闭锁，形成筒状，而把大部分药液送入瓣胃；若一次灌入大量药液，则食道沟开放，药液几乎全部流入瘤胃。因此往瘤胃投药时，可用长颈瓶子等器具一次大量灌服，或用胃管直接灌服，而往瓣胃内以及以后的消化道内投药时，则应少量多次灌服。

2. 片剂、丸剂、舔剂药物投药法

应用于西药以及中成药制剂，可采用裸手投药或投药器进行。

投药时一般站立保定。裸手投药法：术者用一手从一侧口角伸入，打开口腔，另一只手持药片（丸、囊）或用竹片刮取舔剂自另一侧口角送入其舌背部。投药器投药法：事先将药品装入投药器内，术者持投药器自牛一侧口角伸入并直接送向舌根部，迅速将药物推出，抽出送药器，待其自行咽下。

裸手投药或投药器投药后，都要观察牛是否吞咽，必要时也可在投药后灌饮少量水，以确保药物全部吞咽。

通过口腔投入抗生素、磺胺类药物等化学制剂时，应考虑到其对瘤胃微生物群落的影响问题。四环素族抗生素以及磺胺类药物对瘤胃微生物群落的发育繁殖具有强烈的抑制作用，链霉素相对危害较轻。一般采用化学制剂灌服治疗之后，建议采用健康牛瘤胃液灌服，以接种瘤胃微生物群落。

3. 胃管投药法

大剂量液剂药物或带有特殊气味、经口不易灌服的药品，可采用胃管投药法。

按照胃管插入术的程序和要求，通过口腔或鼻孔插入胃管，将药物置于挂桶或盛药漏斗，经胃管直接灌入胃中（图4-9、图4-10）。患咽炎或明显呼吸困难的病牛，不能用胃管灌药。若灌药过程引起咳嗽、气喘时，应立即停止灌药。

插胃管时，要确实保定好病牛，固定好牛的头部。胃管用水湿润或涂上润滑油类。先给牛装一个木制的开口器，胃管经口（即从开口器的中央孔插入）或经鼻孔插入，插入动作柔和缓慢，到达咽部时，感觉有抵抗，此时不要强行推进，待病牛发生吞咽动作时，趁机插入食管。胃管通过咽部进入食管后，应立即检查是否进入食管。正常进入食管后，可在左侧颈沟部触及到胃管，这时向管内吹气，在左侧颈沟部可观察到

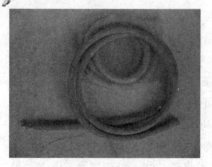

图4-9　胃导管　　　　　　　　　图4-10　胃导管投药法

明显的波动，同时嗅胃管口，可感觉到有明显的酸臭气味排出；若胃管误进入气管内，仔细观察可发现管内有呼吸样气体流动，或吹气感觉气流畅通，则应拔出重新插入；若发现鼻、咽黏膜损伤而出血，则应暂停操作，采用冷水浇头方法进行止血，若仍出血不止，应及时采取其他止血措施，止血后再行插入。

三、注射给药方法

注射是防治动物疾病常用的给药法。注射法即借用注射器把药物投入病牛机体的给药法。皮下注射、肌内注射、静脉注射是临床上最常用的注射法，另外还有皮内注射、胸腔注射、腹腔注射、气管、瓣胃以及眼球结膜等部位注射。实践中根据药物的性质、剂量以及疾病的具体情况选择特定的方法进行注射。

按照不同注射方法和药物剂量，选取不同的注射器和针头；检查注射器是否严密，针管、针芯是否合套，金属注射器的橡皮垫是否好用，松紧度调节是否适宜，针头是否锐利、通畅，针头与针管的结合是否严密。所有注射用具在使用前必须清洗干净并进行煮沸或高压灭菌消毒。

注射部位应先进行剪毛、消毒（先用5%碘酊涂擦，再用75%酒精），注射后也要进行局部消毒。严格执行无菌操作规程。抽取药液前，要认真检查药品的质量，注意药液是否混浊、沉淀、变质；同时混注两种药液时，要注意配伍禁忌；抽完药液后，要排除注射器内的气泡。

根据病牛的具体情况及不同的注射方法、治疗方案，采取相应的保定措施。

1. 皮内注射法

主要用于变态反应试验，如牛结核菌素变态反应试验。注射部位一般在颈部上 1/3 处或尾根两侧的皮肤皱襞处。采用 1 毫升注射器，小号或专用皮内注射针头。注射时，对注射部位剪毛消毒，以左手食指和拇指捏住注射部位皮肤，右手持注射器，在牢固保定的情况下，将针尖刺入真皮内，使针头几乎与注射皮面平行刺入。待针头斜面完全进入皮内后，放松左手，注入药液，使皮面形成一个圆丘即可。皮内注射，要注意不能刺入太深，注射后不能按压，拔出针头后，不要再消毒或压迫。

2. 皮下注射法

皮下注射是将药液经皮肤注入皮下疏松组织内的一种给药方法。适用于药量少、刺激性小的药液，如阿托品、毛果芸香碱、肾上腺素、比赛可灵以及防疫苗（菌）等。刺激性大的药液、混悬液、油剂等由于皮下吸收不良，不能采用皮下注射，注射部位以皮肤较薄、皮下组织疏松处为宜，牛一般在颈部两侧。如药液量较多时，可分数处多部位注射。注射部位也可选在肘后或肩后皮肤较薄处。皮下注射一般选用 16 号针头，注射时对注射部位剪毛消毒（用 70% 酒精或 2% 碘酊涂搽消毒），一般用左手拇指和食指捏起注射部位皮肤，使皮肤与针刺角度呈 45°，右手持注射器，或用右手拇指、食指和中指单独捏住针头，将针头迅速刺入捏起的皮肤皱褶内，使针尖刺入皮肤皱褶内 1.5~2.0 厘米深，然后松开左手，连接针头和针管，将药液徐徐注入皮下。

注意：分步操作；在连接针管时，要将盛药针管内的空气排净。

3. 肌内注射法

是最常用的注射法，即将药液注入牛的肌肉内（图 4-11）。动物肌肉内血管丰富，药液注入后吸收较快，仅次于静脉注射。一般刺激性较强、较难吸收的药液都可以采用肌内注射法，如青霉素、链霉素以及各种油剂、混悬剂等。但对一些刺激性强烈而且很难吸收的药物，如水合氯醛、氯化钙、浓盐水等不能进行肌内注射。

肌内注射的部位一般选择在肌肉层较厚的臀部或颈部，使用 16 号

图4-11 肌内注射

针头。注射时，对注射部位剪毛消毒，取下注射器上的针头，以右手拇指、食指和中指捏住针头座，对准消毒好的注射部位，将针头用力刺入肌肉内，然后连接吸好药液的针管，徐徐注入药液。注射完毕后，拔出针头，针眼涂以碘酊消毒。

注意：一般肌内注射时，不要把针头全部刺入肌肉内，以防针头折断后不易取出。近年来多采用一次性塑料注射器，则不必拿下针头单独刺入，为动物注射给药提供了方便。

4.静脉注射法

（1）静脉注射　静脉注射就是把药液直接注入动物静脉血管内的一种给药方法（图4-12）。静脉注射能使药液迅速进入血液，随血液循环遍布全身，很快发挥药效。注射部位多选在颈静脉上1/3处。一般使用兽用16号或20号针头。注射时，先保定好病牛，使病牛颈部向前上方伸直。注射部位剪毛消毒，用左手在注射部位下面约5厘米处，以大拇指紧压在颈静脉沟中的静脉血管上，其余四指在右侧相应部位抵住，拦住血液回流，使静脉血管鼓起。术者右手拇指、食指和中指紧握针头

图4-12 颈静脉注射

座，针尖朝下，使针头与颈静脉呈45°，对准静脉血管猛力刺入，如果刺进血管，便有血液涌出，如果针头刺进皮肤，便没有血液流出，可另行刺入。针头刺入血管后，再将针头调转方向，使针尖在血管内朝上，再将针头顺血管推入2~3厘米。松开左手，固定针头座，与右手配合连接针管。左手固定针管，手背紧靠病牛颈

部作支撑，右手抽动针管活塞，见到回血后，将药液徐徐注入静脉。

注射完药液后，左手用酒精棉球压紧针眼，右手将针拔出，为防止针眼溢血或形成局部血肿，在拔出针头后，继续紧压针眼1~2分钟，然后松手。

静脉注射要将药液直接送入血液，因而要求药液无菌、澄清透明，无致热原；刺激性强的药液，要注意稀释浓度，如果浓度过高，容易引起血栓性静脉管炎；注射时，严防药液漏至血管外，以免引起局部肿胀；保定要牢固，注射速度应缓慢。

（2）静脉吊瓶滴注　静脉吊瓶滴注又称奶牛输液，即通过静脉注射或滴注的方法将药液直接输入静脉管内（图4-13）。临床上可以使用人用的一次性输液器代替过去的输液工具，免去了过去的吊瓶消毒、胶管老化等诸多麻烦。新的方法描述如下。采用一次性输液器，兽用16号、20号粗长针头作输液针头，按治疗配方将使用的药液配装在500毫升的等渗盐水瓶中，或所需要的不同浓度的葡萄糖注射液（500毫升瓶）药瓶中，作为输液药瓶。将输液药瓶口朝下置入吊瓶网内，然后把一次性输液器从灭菌塑料袋中取出，上端（具有换气插头端）插入输液药瓶的瓶塞内，吊瓶网挂在高于牛头30~40厘米的吊瓶架上。把输液器下端过滤器下面的细塑料管连同针头拔掉，安装上兽用输液针头（6号或20号针头）。打开输液器调节开关，放出少量药液，排出输液管内的空气，调节输液器管中上部的空气壶，使之置入半壶药液，以便观察输液流速。将排完空气的输液器关好开关，备用。取下输液器上的锋利的兽用针头，按照静脉注射的方法，将针头刺入静脉血管，把针头向下送入血管2~3厘米，以防针头滑出。这时松开静脉的固定压迫点，打开输液器开关，连接输液器管，把输液器末端（过滤器下段）插入置于静脉血管中的针头座内，拧紧（防止松动漏液），调节输液速度，开始输液，

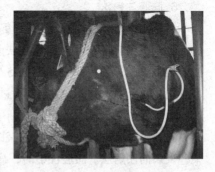

图4-13　为病牛输液

然后再用两个文具夹把输液器下端连接针头附近的输液管分两个地方固定在牛的颈部皮肤上。滑动输液器上的调节开关，使之达到按照需要的滴流速度进行输液。

静脉吊瓶滴注与静脉注射的区别如下。静脉注射使用的针头在刺入静脉后，调整针头方向，使之针尖朝上，然后连接针管、注入药液。而静脉滴液时使用的针头，在刺入静脉后，将针头向下顺入静脉管内，连接输液器下端，输入药液。

静脉注射或滴注过程中，若药液漏出静脉外时，可作如下处理。如是高渗溶液，则向肿胀局部及周围注入适量的注射用水（灭菌蒸馏水）以稀释；如是刺激性强或有腐蚀性的药液，则向周围组织注入生理盐水；如是氯化钙溶液可注入10%硫酸钠溶液，使其转化为硫酸钙和氯化钠。此外，局部温敷可以促进吸收。

5. 气管注射法

气管注射是将药液直接送入动物气管内，用以治疗气管、支气管以及肺部疾病的注射方法。病牛站立保定，头颈伸直并略抬高，沿颈下第三轮气管正中剪毛消毒，用16号针头向后上方刺入，当穿透气管壁时，针感无阻力，然后连接针管，将药液缓缓注入。

气管注射时，为防止咳嗽，可先在气管内注入0.25%~0.5%的普鲁卡因溶液5毫升，再注入治疗用药液。3月龄以下犊牛，也可直接用0.25%的普鲁卡因溶液20毫升稀释青霉素80万单位，缓缓注入气管内，隔日一次，连用2~5次。

6. 胸腔注射法

病牛站立保定，右侧第五或左侧第六肋间，胸外静脉上方2厘米处剪毛消毒，用左手将注射部位皮肤前推1~2厘米，右手持连接针头的注射器，沿肋骨前缘垂直刺入3~5厘米，注入药液，拔出针头，使局部皮肤复位，常规消毒。整个注射过程要防止空气进入胸腔。

7. 腹腔注射法

腹腔注射法是将特定药物直接注入腹腔，借助腹膜的吸收机能治疗某些疾病的注射法。腹腔注射时，病牛站立保定，犊牛亦可侧卧保定，在牛体右侧肷窝上部，即髋关节下缘的水平线上，距最后肋骨2~4厘米处，用静脉注射针头，与皮肤呈直角，将针头垂直刺入腹腔，感到针头可自由活动时证明刺入腹腔，连接针管，注入药液。

一般刺激性大的药液不宜作腹腔注射，注射前，药液必须加温，与体温相同。不能直接注入凉药液，以免引起痉挛性腹痛。

8. 瓣胃注射法

病牛站立保定，在右侧第九肋间，肩关节水平线上下 2 厘米处剪毛消毒（图 4-14），采用长 15 厘米（16~18 号）的针头，垂直刺入皮肤后，针头朝向左侧肘突（左前下方）方向刺入 8~10 厘米（刺入瓣胃内时常有沙沙声感），以注射器注入 20~50 毫升生理盐水后立即回抽，如见混有草屑等胃内容物，即可注入治疗药物。注射完迅速拔出针头，按照常规消毒法消毒。

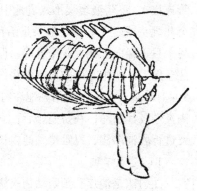

图 4-14　瓣胃注射部位

9. 皱胃注射法

病牛站立保定，消毒注射位点，皱胃位于右侧第 12、13 肋骨后下缘，若右侧肋骨弓或最后 3 个肋间显著膨大，呈现叩击钢管清朗的铿锵音，也可选此处作为注射点。局部剪毛消毒，取长 15 厘米（16~18 号）的针头，朝向对侧肘突刺入 5~8 厘米，有坚实感即表明刺入皱胃，先注入生理盐水 50~100 毫升，立即抽回，其中混有胃内容物（pH 值 1~4），即可注入事先备好的治疗药物。注完后，常规消毒注射点。

10. 乳池注射法

乳池注射即将药物注入乳房的乳池中，用于预防或治疗乳房炎的一种方法，是奶牛场常用的

图 4-15　乳池内注射

注射方法（图4-15）。采用放奶针头（或称导乳针头），消毒备用。

其操作方法如下。将牛适当保定，用干净温水清洗、擦干乳房；挤净乳房内积存的奶汁，用酒精棉球擦拭消毒乳头以及乳头下端中央的乳头管开口，左手护住乳头下端，使乳头管口偏向操作者，右手持针，把针头缓缓插入乳头管内23~35厘米，把持乳头的左手同时捏住导乳针底座，右手将吸好药液的针管连接到针头底座上（通常可用一小段乳胶管连接），将药液缓缓推入乳池中。注完后抽出导乳针头，用手少捏一会儿乳头或轻柔乳头。如果是治疗性药物，则需一只手捏住乳头下端，另一只手轻向上托，按摩乳房，促使药液在乳池内向上扩散。操作时要注意保定好奶牛，以防被奶牛踢伤。注入药液的一般容量要求每个乳池50~100毫升为宜。采用乳池注射法治疗乳房炎，注射前一定要把乳房内炎性乳汁挤净，在挤完奶后，立即进行乳池注射。每次挤完奶后，都要进行乳池灌注，以维持乳池内长时间具有有效治疗药物。

11. 注意事项

注射法是治疗和预防动物疾病最常用的投药方法。应用时首先要检查针管与针头是否吻合无间隙，清洁、畅通无堵塞，而且要求严格消毒针管与针头。若同时注射两种以上药品时，要注意药物的配伍禁忌。若需要注入大量药液时，特别是静脉滴注时，应加温，使药液与体温同高。注射前必须排净针管内的空气。

四、灌肠方法

灌肠是为了治疗某些疾病，向肠内灌入大量的药液、营养物或温水，使药液或营养很快吸收或促进宿粪排出，除去肠内分解产物与炎性渗出物的方法。

事先备好灌肠器、压力气筒、吊桶和灌肠溶液等。灌肠液常用微温水、微温肥皂水或3%~5%单宁酸溶液、0.1%高锰酸钾溶液、2%硼酸溶液等具有消毒、收敛作用的溶液，或葡萄糖溶液、淀粉浆等营养溶液。

灌肠分类

分为浅部灌肠与深部灌肠两种。浅部灌肠仅用于排除直肠内积粪，而深部灌肠则用于肠便秘、直肠内给药或降温等。

1. 浅部灌肠

病牛柱栏内站立保定，并吊起尾巴。将灌肠液盛入漏斗或吊桶内，在灌肠器的橡胶管上涂以石蜡油或肥皂水，术者将灌肠器胶管的前端缓缓插入病牛肛门，再逐渐向直肠内推送，助手高举灌肠器漏斗端或吊桶，亦可固定于柱栏架上，使溶液徐徐流入直肠内，如流入不畅，可适当抽动橡胶管。注入一定液体后，牛便出现努责，让直肠内充满液体，再与粪便一起排出。如此反复进行多次，直到直肠内洗净为止。

2. 深部灌肠

深部灌肠是在浅部灌肠的基础上进行，但使用的灌肠器的皮管较长、硬度适当（不过硬）。橡皮管插入直肠后，连接灌肠器，伴随灌肠液体的进入，不断将橡皮管内送，如用唧筒（图4-16）代替高举或高挂的灌肠器，液体进入肠道的速度就更快。

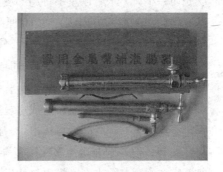

图4-16 唧筒灌肠器

在边灌边将橡皮管内送的同时，压入液体的速度应放慢，否则会因液体大量进入深部肠道，反射性刺激肠管收缩而把液体排出，或使部分肠管过度膨胀（特别在有炎症、坏死的肠段），造成肠破裂。

在灌肠过程中，随时用手指刺激肛门周围，使肛门紧缩，防止灌入的溶液流出。

灌肠完毕后，拉出胶管，解除保定。

五、穿刺方法

通过穿刺，可以获得病牛体内某一特定器官或组织的病理材料，作必要的现场鉴别或实验室诊断，确诊疾病。而当急性胃肠臌气时，应当穿刺排气，可以缓解或解除病症。

（一）瘤胃穿刺术

瘤胃严重臌气导致呼吸困难，作为紧急治疗的有效措施就是实施瘤胃穿刺术，排放气体，缓解症状，创造治疗时机。

穿刺部位在左肷部的髋结节和最后肋骨中点连线的中央。瘤胃臌气时，取其臌胀部位的顶点。穿刺时，病牛站立保定，术部剪毛消毒，将皮肤切一小口，术者以左手将局部皮肤稍向前移，右手持消毒的套管针迅速朝向对侧肘头方向刺入约10厘米深，固定套管，抽出针芯，用纱布块堵住管口，施行间歇性放气，使瘤胃内的气体断续地、缓慢地排出。若套管堵塞，可插入针芯疏通或稍摆动套管。排完气后，插入针心，手按腹壁并紧贴胃壁，拔出套管针。术部涂以碘酒。

为防止臌气继续发展，造成重复穿刺，必要时套管不要拔出，继续固定，经留置一定时间后再拔出。若没有套管针，可用大号长针头或穿刺针代替，但一定要避免多次反复穿刺，必要时，可进行第二次穿刺，但不宜在原穿刺孔进行。排出气体后，为防止复发，可经套管向瘤胃内注入防腐消毒剂等。

（二）胸腔穿刺术

一般用于探测胸腔有无积液并采集胸腔积液进行病理鉴定，排出胸腔内的积液或注入药液以及冲洗治疗等。

病牛站立保定，针对病症要求选择穿刺部位。左侧穿刺部位为第七肋间胸外静脉上方，右侧穿刺部位为第六肋间胸外静脉上方，或肩关节水平线下方2~3厘米处。术部剪毛、消毒，术者左手将术部皮肤稍向前移，右手持连接胶管与注射器的16~18号针头沿肋骨前缘垂直刺入约4厘米，然后连接注射器，抽取胸腔积液，术后严格消毒。

无积液排出时，应迅速将针头上的胶管回转、折叠压紧，使管腔闭合，防止发生气胸。

（三）腹腔穿刺术

腹腔穿刺术主要用于采集腹腔液鉴别诊断相关疾病，排出腹腔积液、腹腔注射药液以及进行腹腔冲洗治疗等。

实施腹腔穿刺术前，备好消毒套管针，若没有专用套管针，可选用16号针头代替。病牛站立保定，或后肢拴系保定。在脐与膝关节连线的中点（图4-17），剪毛消毒术位，术者蹲下，右手控制套管针的刺入深度，由下向上垂直刺入，左手固定套管，右手拔出套管针芯，采集积液送检。术后常规消毒。

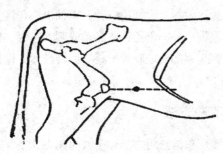

图4-17 牛腹腔穿刺部位

（四）膀胱穿刺术

膀胱穿刺一般是在尿道完全堵塞时，有膀胱破裂危险，而采取的临时性治疗措施，或用于公牛的导尿等。

病牛站立保定。按照直肠检查操作要领，首先充分排出直肠蓄粪，清洗消毒术者手臂，然后将装有长胶管的14~16号针头握

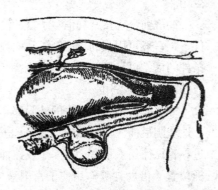

图4-18 牛膀胱穿刺

在手掌中，术者手呈锥形，缓缓进入直肠，在膀胱充满的最高处，将针头向前下方刺入，并固定好针头，使尿液通过针头沿事先装好的橡胶管流出（图4-18）。待尿液彻底流完后，再把针头拔出，同样握在掌中，带出直肠。

（五）心包穿刺术

心包穿刺术主要用于采取心包液进行病理鉴定以及心包积脓时的排脓与清洗治疗。

病牛站立保定，并使病牛的左前肢向前伸出半步，充分暴露心区。在左侧第五肋间，肩端水平线下2厘米处剪毛、消毒，一手将术部皮肤向前推移，一手持带胶管的16~18号长针头，沿第六肋骨前缘垂直刺入约4厘米，连接注射器，边抽边进针，至抽出心包液为止。

操作过程要谨慎小心，避免针头晃动或刺入过深，伤及心脏。进针过程或注药的换药过程都要把胶管折叠、回转压紧，保持管腔闭合，防止形成气胸。

六、子宫清洗方法

子宫冲洗主要用于治疗阴道炎和子宫内膜炎、子宫蓄脓、子宫积水等生殖道疾病。由于用大量消毒液冲洗子宫，会降低子宫上皮的抵抗力和防御机能，发生子宫严重弛缓，导致所谓"治疗性"不孕，故应尽量少用。

冲洗前，应按常规消毒子宫冲洗器具。在没有专用子宫冲洗器的条件下，一般可用马的导尿管或硬质橡皮管、塑料管代替子宫冲洗管，有条件的话，可采用胚胎采集管代替。用大玻璃漏斗或搪瓷漏斗代替唧筒或挂桶，消毒备用。

冲洗时，洗净消毒牛的外阴部和术者的手、臂。通过直肠将导管小心地从阴道插入子宫颈内，或进入子宫体，抬高漏斗或挂桶，使药液通过导管徐徐流入子宫，待漏斗或挂桶内药液快完时，立即降低漏斗或挂桶位置，借助虹吸作用使子宫内液体自行流出。更换药液，重复进行2~3次，直至药液流出子宫时保持原来色泽状态不变为止。为使药液与黏膜充分接触以及冲洗液顺利排出，冲洗时，术者应一手伸入直肠，在直肠内轻轻按摩子宫，并掌握药液流入与排出情况，务必排完冲洗药液。建议隔日一次，每次备药量 10 000 毫升。冲洗次数不宜太多，以免导致"治疗性"不孕。

冲洗药液应根据炎症经过而选择，常用的有微温生理盐水、0.1%~0.5% 高锰酸钾溶液、0.1%~0.2% 雷佛奴尔溶液以及抗生素、磺胺类制剂等。

七、导尿方法

导尿主要用于尿道炎、膀胱炎治疗以及采取尿液检验等，即母牛膀胱过度充满而又不能排尿时施行导尿术。做尿液检查而一时未见排尿，可通过导尿术采集尿样。

病牛柱栏内站立保定，用 0.1% 高锰酸钾溶液清洗肛门、外阴部，酒精消毒。选择适宜型号的导尿管，放在 0.1% 高锰酸钾溶液或温水中浸泡 5~15 分钟，前端蘸液体石蜡。术者左手放于牛的臀部，右手持导尿管伸入阴道内 15~20 厘米，在阴道前庭处下方用食指轻轻刺激或扩张尿道口，在拇指、中指的协助下，将导尿管引入尿道口，把导尿管前端头部插入尿道外口内，在两只手的配合下，继续将导尿管送入约10 厘米，可抵达膀胱。导尿管进入膀胱后，尿液会自然流出。排完尿液后，在导尿管后端连接冲洗器或 100 毫升注射器，注入温的冲洗药液，反复冲洗，直至药液透明为止。常用的冲洗药液有生理盐水、2%硼酸溶液、0.1%~0.5% 高锰酸钾溶液、0.1%~0.2% 雷佛奴尔溶液、0.1%~0.2% 石炭酸以及抗生素、磺胺类制剂等。

公牛导尿，可通过膀胱穿刺进行。

八、公牛去势方法

公牛去势即摘除睾丸或人为破坏公牛睾丸的正常机能，使其失去分泌和释放雄激素的功能或作用。公牛去势后，可使其性情变得温驯、乖巧、老实，便于日常管理，同时具有提高牛肉产品质量和风味的作用。但是，研究表明，雄激素与生长激素具有协同作用，因而不去势相对生

长速度较快，因此，实践中可根据经营方式和产品目标确定是否去势以及去势时间（月龄）。建议繁育牛群（即与母牛混群饲养的小公牛）以及幼牛育肥、生产特色牛肉小公牛应在 6 月龄左右去势，而生产优质牛肉的大型育肥场，公牛去势可避开快速生长期，推迟到 18 月龄左右去势。

公牛的睾丸位于阴囊之中，阴囊位于两后腿之间，阴囊的上部通常缩小为细而长的颈部。睾丸呈长椭圆形，纵轴垂直于阴囊内。附睾位于睾丸的后面。睾丸纵隔明显，呈带状。

常用的去势方法有血去势和无血去势两种。有血去势应术前一周注射破伤风类毒素，或在术前一天注射破伤风抗毒素。去势时，对牛实施站立或横卧保定，术部消毒后，即可进行手术一般不需要麻醉，必要时或为便于保定，术前可肌内注射静松 2~3 毫升，也可进行局部皮下浸润麻醉或精索内麻醉。

1. 有血去势法

术者左手握住阴囊颈部，将睾丸挤向阴囊底部，使阴囊壁紧张，按如下方法切开阴囊，摘除睾丸去势。

（1）纵切法　适用于成年公牛。阴囊的后面或前面沿阴囊缝际两侧 2 厘米处作平行缝际的纵切口，下达阴囊的底部，挤出睾丸，分别结扎精索后切除睾丸。

（2）横切法　适用于 6 月龄左右小公牛去势。在阴囊底部作垂直阴囊；缝际的横切口，同时切开阴囊和总膜，睾丸露出后，剪断阴囊韧带，挤睾丸，结扎精索，切除睾丸和附睾。

（3）横断法　俗称大揭盖，适用于小公牛。术者左手握住阴囊底部的皮肤，右手持刀或剪刀，切除阴囊底部皮肤 2~3 厘米，然后切开阴囊总鞘膜，挤出睾丸，分别结扎精索后切除。

（4）锉切法　多用于小公牛。切开阴囊及总鞘膜，露出睾丸，剪断阴囊韧带，用锉刀钳剪断精索，除去睾丸。

2. 无血去势法

无血去势法适用于不同月龄的公牛去势，方法简便，节省材料，手术安全，可避免术后并发症。用无血去势钳在阴囊颈部的皮肤上挫断精索，使睾丸失去营养而萎缩，达到去势的目的。

公牛栏内站立保定，常规消毒手术部位。用无血去势钳隔着阴囊皮肤夹住精索部，用力合拢钳柄，听到类似筋腱被切断的音响，继续钳压1分钟，再缓慢张开钳嘴，然后在钳夹的下方2厘米处，再钳夹一次，采用同样的方法夹断另一侧精索。术部皮肤涂碘酒消毒。术后阴囊肿胀，可达正常体积的2~3倍，约1周后不治自愈，3周后睾丸出现明显变形和萎缩。

也可用耳夹子式的两个木棍夹住阴囊颈部，使一侧睾丸的阴囊壁紧张，阴囊底朝上，用棒槌对准睾丸猛力捶打，将睾丸实质击碎，然后用手掌反复挤压，至呈粥状感，用同样的方法处理另一侧睾丸，也可达到去势的目的。处理后阴囊皮肤涂布碘酒消毒。这种方法去势后，阴囊极度肿大，需每天早晚牵引运动，一般经1个月左右肿胀消失，睾丸萎缩。

九、洗胃方法

洗胃主要用于治疗瘤胃积食以及排除胃内毒物。选用内径2厘米的胃管，根据病情需要，备好洗胃用39~40℃温水、2%~3%碳酸氢钠溶液、1%~2%食盐溶液或0.1%高锰酸钾溶液以及吸引器等。病牛施行柱栏内站立保定，进行胃管插入术。插入胃管后，若不能顺利排出胃内容物，则在胃管的外口装上漏斗，缓慢地灌入温洗液5~10升，当漏斗中洗胃液尚未完全流净时，令牛低头，并迅速把漏斗放低，拔去漏斗，利用虹吸作用，把胃内腐败液体等从胃管中不断吸出。如此反复多次，逐渐排出胃内大部分内容物。

冲洗后，缓慢抽出胃管，解除保定。对瘤胃过度膨气和心、肺有严重疾病的体弱牛，不宜强迫洗胃；洗胃时如发现病牛不安，心跳急剧增快，应立即停止洗胃。

十、乳房送风疗法

乳房送风是临床上治疗奶牛产后瘫痪的常用治疗措施，其实质就是往乳房内注入洁净空气，是实践中治疗奶牛产后瘫痪简便而有效的方

法。产后瘫痪又称生产瘫痪、乳热症、产褥热等，其标准治疗法是静脉注射钙剂。而乳房送风法与钙疗法简便易操作，效果也较好，特别是在钙疗法反应不佳或复发的病例应用乳房送风疗法效果较好，且治愈后复发率低。

（一）乳房送风的治疗原理

一方面，向乳房内打入空气之后，使乳房的内压升高，乳房内的血管受到压迫，流向乳房的血液减少，泌乳受到抑制，流向乳房的血钙受到阻滞，全身血压升高，机体内血钙的含量得以积累增加，缓解了血钙浓度剧烈降低的病因，从而达到治疗病因的效果；另一方面，向乳房内打入空气，可以刺激乳腺的神经末梢，刺激传至大脑，提高其兴奋性，消除抑制状态，缓解奶牛四肢麻痹（瘫痪）的神经症状。

（二）乳房送风的操作

操作前先将送风器（图 4-19）各部件消毒处理，并在送风器的金属筒内放入干燥的消毒棉花，以便过滤空气，防止感染。连续打气球可使用人用血压计上的打气球代替。空气过滤器可使用 500 毫升容积的生理盐水瓶代替。可用 16、18、20 号粗针头，把针尖磨平磨圆代替乳导管使用。如果没有玻璃管插头，可将乳胶管直接套在长针头座上。空气经半瓶纯净水过滤，可避免空气中杂质、灰尘以及微生物等被随风带入乳房。

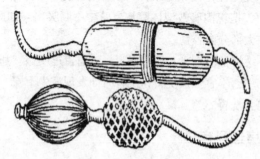

图 4-19　乳房送风器

消毒乳头、乳头管口，挤净乳房内积存的乳汁，把乳房送风器的导乳管（或无尖粗针头）消毒后插入乳头管中，开始打气送风。先送压在下部的乳区，后送上部的乳区，四个乳区均应打满空气。打入空气的数量，以乳房的皮肤紧张、乳腺基部的边缘清楚并且变厚，达到乳房膨满、指弹鼓响音为标准。

当某个乳区发炎时，要先打健康乳区，后打发病乳区，以防感染。

每个乳区注满气体后，拔出乳导管时要轻轻捻揉乳头，促进乳头括约肌收缩，防止气体外溢。如乳头括约肌松弛并有空气溢出，可用宽纱布条或绷带结扎乳头，防止空气溢出。两小时后解开结扎的纱布条。

一次乳房送风治疗若效果不明显，可间隔6~8小时后再行一次。绝大多数病例，打入空气之后约半小时病牛能够自行站立。治疗越早，打入的空气量越足，效果越好。一般打入空气10分钟后，病牛鼻镜开始湿润，15~30分钟后病牛眼睁开，开始清醒，头颈部的姿势恢复自然状态，反射及感觉逐渐恢复，体表温度升高，驱之起立，开始有些肌肉颤抖，数小时后痊愈。

（三）注意事项

① 乳房送风仅用于产后瘫痪的病牛，产前瘫痪的病牛禁用。

② 瘫痪的病牛有时伴有其他症状，可采用对症治疗，如瘤胃臌气，可进行穿刺放气等，但一般禁止通过口腔灌药，以防稍有不慎引起异物性肺炎。

第二节　严格科学的卫生防疫制度

一、牛场防疫体系的建立

随着养牛业的不断发展及养牛规模的不断扩大，养牛场与外界自然、经常、广泛、多渠道的交往，为疾病的传入提供了可能，病原体一旦传入就会造成疾病的流行，给养牛生产带来巨大的损失。免疫程序、防疫消毒制度、体内外寄生虫的驱除制度的建立、疫病检疫检验、粪便处理和病死牛无害化处理等对防制疾病尤为重要，养牛场只有采取综合性预防措施，才能有效地降低疾病的危害。牛场应制定严格的防疫体系预防传染病的发生。

（一）牛场防疫制度的建立

1.坚持自繁自养

牛场或养牛户要有计划地实行本场繁殖本场饲养，尽量避免从外地买牛带进传染病。

2.新引进牛检疫

新引进牛一定要从非疫区购买。购买前须经当地兽医部门检疫，签发检疫证明书。对购入的牛进行全身消毒和驱虫后，方可引入场内。进场后，仍应隔离于200~300米以外的地方，继续观察至少1个月，进一步确认健康后，再并群饲养。

检疫按《中华人民共和国动物防疫法》中有关规定执行。即引入种牛和奶牛时，必须对口蹄疫、结核病、布氏杆菌病、蓝舌病、地方流行型牛白血病、副结核病、牛传染性胸膜肺炎、牛传染性鼻气管炎和黏膜病进行检疫；引入役用牛和育肥牛时，必须对口蹄疫、结核病、布氏杆菌病、副结核病和牛传染性胸膜肺炎进行检疫。

3.建立完善的防疫制度

（1）谢绝无关人员进入养牛场　必须进入者，须换鞋和穿戴工作服、帽。场外车辆、用具等不准进入场内。出售牛、牛奶一律在场外进行。不从疫区和自由市场上购买草料。本场工作人员进入生产区，也必须更换工作服和鞋帽。饲养人员不得串牛舍，不得借用其他牛舍的用具和设备。场内职工不得私自饲养牲畜或鸡、鸭、鹅、猫、狗等动物。患有结核病和布氏杆菌病的人不得饲养牲畜。不允许在生产区内宰杀或解剖牛，不准把生肉带入生产区或牛舍，不得用未经煮沸的残羹剩饭喂牛。

（2）严格执行消毒制度　在传染病和寄生虫病的防疫措施中，通过消毒杀灭病原体，是预防和控制疫病的重要手段（图4-20）。由于各种传染病的传播途径不同，所采取的措施也不尽一致。对通过消化道传播的疫病，以对饲料、饮水及饲养管理用具进行消毒为主；对通过呼吸道传播的疫病，则以对空气消毒为主；对由节肢或啮齿动物传播的疫病，应以杀虫灭鼠来达到切断传播途径的目的。

图4-20　车辆消毒

平时要建立定期消毒制度，每年春、秋结合转饲、转场，对牛舍、场地和用具备进行一次全面大清扫、大消毒；以后牛舍每周消毒1次，厩床每天用清水冲洗，土面厩床要清粪、勤垫圈。产房每次产犊都要消毒。

（3）消毒池　消毒药水要定期更换，保持有效浓度，一切人员进出门口时，必须从消毒池上通过（图4-21）。

图4-21　牛场大门消毒池

4.消灭老鼠和蚊蝇等吸血昆虫

老鼠和蝇、蚊、虻、蠓、蚋、螨等吸血昆虫，可能传播牛的多种传染病和寄生虫病。所以，应结合日常卫生工作，使灭鼠、灭蝇、灭虫工作常态化，尽量减少和阻断疫病的传播。

（二）制定科学有效的免疫程序

有计划地对健康牛群进行预防接种，可以有效地降低相应的传染病侵害。为达到预防接种的预期效果，必须掌握本地区传染病的种类及其发生季节、流行规律，了解牛群的生产、饲养、管理和流动等情况，根据需要制订相应的免疫计划，适时地进行预防接种。此外，在引入或输出牛群、施行外科手术之前，在发生复杂创伤之后等，应进行临时性预防注射。对疫区内尚未发病的动物，必要时可做紧急预防接种，但要注意观察，及时发现被激化的病牛。牛常用的免疫程序包括以下内容。

① 每年5月或10月对全牛群进行一次无毒炭疽芽孢苗的免疫注射。

② 按照免疫程序，定期开展牛口蹄疫疫苗免疫。一般是每隔4~5个月进行一次灭活苗注射免疫。

③ 必须严格执行各级动物防疫监督机构有关免疫接种的规定，以预防地区性多发传染病的发生和传播。

④ 当牛群受到某些传染病的威胁时，应及时采用有国家正规批准文号的生物制品进行紧急免疫，以治疗病牛及防止疫病进一步扩散。

二、免疫接种的途径及方法

疫苗是一种致弱或灭活的微生物悬液，可用于预防或治疗感染性疾病。临床上应用使牛群产生抵抗力，把传染性疾病造成的损失降到最低。免疫接种是给动物接种各种免疫制剂（疫苗、类毒素及免疫血清），使动物产生对传染病的特异性免疫力，是预防和治疗传染病的主要手段，也是使易感动物群转化为非易感动物群的唯一手段。根据免疫接种的时机不同，可分为预防接种和紧急接种两类。

（一）预防接种

预防接种是在平时为了预防某些传染病的发生和流行，有组织、有计划地按免疫程序给健康牛群进行的免疫接种。预防接种常用的免疫制剂有疫苗、类毒素等。根据所用免疫制剂品种的不同，接种方法也不一样，有皮下注射、肌内注射、皮肤刺种、口服、点眼、滴鼻、喷雾吸入等。预防接种应首先对本地区近几年来曾发生过的传染病流行情况进行调查，然后有针对性地拟订年度预防接种计划，确定免疫制剂的种类和接种时间，按所制定的免疫程序进行免疫接种，争取做到头头注射。

（二）紧急接种

指在发生传染病时，为了迅速控制和扑灭疫病的流行，疫区和受威胁区尚未发病的牛进行的应急性免疫接种。进行应急免疫接种时，必须先对牛群逐头进行详细的临床检查，只能对无任何临床症状的牛进行紧急接种，对患病牛和处于潜伏期的牛，不能接种疫苗，应立即隔离治疗或扑杀。但应注意，在临床检查无症状而貌似健康的牛中，可能混有一部分潜伏期的牛，在接种疫苗后不仅得不到保护，反而促使其发病，造成一定的损失，这是不可避免的正常现象。但是急性传染病潜伏期短，疫苗接种后会很快产生免疫力，因而发病数不久即可下降，疫情会得到控制，多数（动物）牛可得到保护。

三、牛场常用疫苗及接种方法

疫苗种类很多，常用于健康动物。牛场常用疫苗包括以下几种。

（一）口蹄疫免疫

在可能流行口蹄疫的地区，每年春、秋两季用同型的口蹄疫弱毒疫苗（图4-22）接种1次，肌内或皮下注射，1~2岁牛1毫升，2岁以上牛2毫升。注射后14天产生免疫力，免疫期4~6个月。本疫苗残余毒力较强，能引起一些幼牛发病，因此1岁以下的小牛不要接种。本苗对猪也有致病力，故不得使用本苗给猪免疫。接种本苗的牛、羊和骆驼也不得与猪

图4-22　口蹄疫疫苗

接触。

（二）狂犬病免疫

对被疯狗咬伤的牛，应立即接种狂犬病疫苗，颈部皮下注射2次，每次25~50毫升，间隔3~5天。免疫期6个月。在狂犬病多发地区，也可用来进行定期预防接种。

（三）伪狂犬病免疫

疫区内的牛，每年秋季接种牛羊伪狂犬病氢氧化铝甲醛苗（图4-23）1次，颈部皮下注射，成年牛10毫升，犊牛8毫升。必要时6~7天后加强注射1次。免疫期1年。

图4-23　伪狂犬疫苗

（四）牛痘免疫

牛痘常发地区，每年冬季给断奶后的犊牛接种牛痘苗1次，皮内注射0.2~0.3毫升。免疫期1年。

（五）牛瘟免疫

用于受牛瘟威胁地区的牛。牛瘟疫苗有多种，我国普遍使用的是牛瘟绵羊化兔化弱毒疫苗，适用于朝鲜牛和牦牛以外所有品种的牛。本苗按制造和检验规程应就地制造使用。以制苗兔血液或淋巴、脾脏组织制备的湿苗（1∶100），无论大小牛一律肌内注射2毫升，冻干苗按瓶签规定的方法使用，接种后14天产生免疫力。免疫期1年以上。

（六）炭疽免疫

经常发生炭疽和受该病威胁地区的牛，每年春季应作炭疽菌苗预防接种1次。炭疽菌苗有3种，使用时，任选1种。

1. 无毒炭疽芽孢苗

1 岁以上的牛，皮下注射 1 毫升，1 岁以下的0.5 毫升。

2. 第二号炭疽芽孢苗

大小牛一律皮下注射 1 毫升。

3. 炭疽芽孢氢氧化铝佐剂苗或称浓缩芽孢苗

以上两种芽孢苗的 10 倍浓缩制品，使用时以 1 份浓缩苗加 9 份 20% 氢氧化铝胶稀释后，按无毒炭疽芽孢苗或第二号炭疽芽孢苗的用法、用量使用。以上各苗均在接种后 14 天产生免疫力。免疫期 1 年。

（七）气肿疽免疫

对近 3 年内曾发生过气肿疽的地区，每年春季接种气肿疽明矾菌苗 1 次，大小牛一律皮下接种 5 毫升，小牛长到 6 个月时，加强免疫 1 次。接种后 14 天产生免疫力。免疫期约 6 个月。

（八）肉毒梭菌中毒症免疫

常发生肉毒梭菌中毒症地区的牛，应每年在发病季节前，使用同型毒素的肉毒梭菌苗预防接种 1 次。如 C 型菌苗，每牛皮下注射 10 毫升。免疫期可达 1 年。

（九）破伤风免疫

发生破伤风的地区，应每年定期接种精制破伤风类毒素 1 次，大牛 1 毫升，小牛 0.5 毫升，皮下注射，接种后 1 个月产生免疫力。免疫期 1 年。当发生创伤或手术（特别是阉割术）有感染危险时，可临时再接种 1 次。

（十）牛巴氏杆菌病免疫

历年发生牛巴氏杆菌病的地区，在春季或秋季定期预防接种 1

图4-24 巴氏杆菌苗

次；在长途运输前随时加强免疫1次。我国当前使用的是牛出血性败血病氢氧化铝菌苗（图4-24），体重在100千克以下的牛4毫升，100千克以上的6毫升，均皮下或肌内注射，注射后21天产生免疫力。免疫期9个月。怀孕后期的牛不宜使用。

（十一）布氏杆菌病免疫

在布氏杆菌病常发生的地区，每年要定期对检疫为阴性的牛进行预防接种。我国现有3种菌苗。一种是流产布氏杆菌19号弱毒菌苗，只用于育成牛，即6~8月龄时免疫1次，必要时在怀孕前加强免疫1次，每次颈部皮下注射5毫升（含600亿~800亿活菌）。免疫期可达7年。另一种是布氏杆菌羊型5号冻干弱毒菌苗，用于3~8月龄的牛，可皮下注射（用菌500亿/头），也可气雾吸入（室内气雾时用菌250亿/头，室外用菌400亿/头）。免疫期1年。以上两种菌苗，公牛、成年母牛和孕牛均不宜使用。第三种是布氏杆菌猪型2号冻干弱毒菌苗，公、母牛均可用，孕牛不宜，以免引起流产。可供皮下注射、气雾吸入和口服接种，皮下注射和口服时用菌数为500亿/头，室内气雾吸入为250亿/头。免疫期2年以上。因此每隔1年免疫1次，达到国家规定的"消灭区"指标时停止免疫接种。

气雾免疫是将稀释的菌苗装入特制的雾化器内，通过压缩空气的喷射，将液体菌苗雾化成直径10微米左右的粒子，被牛吸入而免疫。室内气雾免疫时，将喷头由门窗缝伸入室内，保持与牛头同高，向四面均匀喷射，喷完后，让牛在室内停留20~30分钟。室外气雾免疫时，须将牛群赶进四周有矮墙的圈内，对准牛头喷射，同时驱赶牛群，保证每头牛有均等机会吸入菌苗。喷完后，让牛在圈内停留20~30分钟。口服时，先用适量冷水拌湿精料，再拌入稀释好的菌苗，充分拌匀，让牛采食，或者掺入少量饮水中，让牛饮服。喂菌苗前，牛应停食或停饮半天，喂完菌苗半小时后，方可按常规饲喂。用菌苗前后1周不得使用抗生素药物或含抗生素的饲料。人对羊型5号弱毒菌苗有感染力，使用时应加强防护。

（十二）牛传染性胸膜肺炎免疫

疫区和受威胁区域的牛应每年定期接种牛肺疫兔化弱毒苗。接种时，按瓶签标明的原胸水量，用20%氢氧化铝胶生理盐水稀释50倍，臀部肌内注射，牧区成年牛2毫升，6~12月龄小牛1毫升；农区黄牛尾端皮下注射，用量减半；或以生理盐水稀释，于距尾尖2~3厘米处皮下注射，大牛1毫升，6~12月龄牛0.5毫升。注射后出现反应者可用"914"（新胂凡纳明）治疗。接种后21~28天产生免疫力。免疫期1年。

第三节　牛病的综合防制措施

一、牛场场址的正确选择及合理布局

（一）牛场场址的正确选择

牛场场址的选择要按照牛的生活习性、生理特点，根据生产需要和经营规模，因地制宜，对地势、地形、土质、水源以及周围环境等进行多方面选择。

1. 地势、地形

建设牛场场址要选择地势高燥、平坦、背风向阳、有适当坡度、排水良好、地下水位低的场所。在山区坡地建场，应选择在坡地平缓、向南或向东南倾斜的地方，并且要避开风口，有利于阳光照射，通风透光。地势高燥、平坦可使牛场环境保持干燥、温暖，有利于牛体温的调节，减少疾病的发生。场地向阳可获得充足阳光杀灭某些病原微生物，有利于

图4-25　牛场建设示意

维生素 D 的合成，促进钙、磷代谢，预防佝偻病和软骨病，促进生长发育。牛场建场设计如图 4-25 所示。

2. 土质

土质对牛的健康、管理和生产性能有很大影响，牛场场地的土壤要求透水性、透气性好，吸湿、吸温、导热性小，质地均匀、抗压性强。沙壤土是最理性的建场土壤，符合牛场土壤要求的一切条件，而且沙壤土热容量大，地温稳定，膨胀性小，有利于牛体健康（图 4-26、图 4-27）。

图 4-26　牛场沙壤土场地　　　　图 4-27　牛场沙壤土场地

3. 水源

水是养牛生产必需的条件。牛场选址要考虑有充足的水源，而且水源周围环境条件好、没有污染源、水质良好、取用方便、符合畜禽饮用水标准，同时还要注意水中所含微量元素的成分与含量，特别要避免被工业、微生物、寄生虫等污染的水源，确保人畜安全与健康。

4. 周围环境

牛场场址要选择交通便利、水电供应充足可靠、噪声水平白天不超过 90 分贝，夜间不超过 50 分贝的地方。同时考虑当地饲料饲草的生产供应情况，以便就近解决饲料饲草的采购问题，还要考虑环境卫生，既不造成对周围社会环境的影响，又要防止牛场受周围环境，如化工厂、屠宰场、制革厂等企业的污染，规模牛场应位于居民区的下风口，并至少距离 200~300 米。

（二）牛场的布局

牛场的布局应根据方便生产、利于生活、便于场内交通、利于防疫卫生等原则进行整体规划和合理布局。

1. 场区的规划

牛场各区域合理规划应遵循以下原则。

（1）合理使用土地　在满足牛舍环境卫生及方便生产管理的前提下，尽量少占土地，尤其是耕地。

（2）科学规划排污设施　牛场规划必须考虑排污措施，即牛粪、尿的无害化处理。

（3）预留发展空间　预留一定的空间，为牛场以后发展创造条件。

2. 牛场的分区

牛场按功能一般分为四个区，即生活区、管理区、生产区、病畜及粪污处理区。分区应结合地形、地势及主风向等因素进行科学安排。

（1）生活区　包括职工宿舍、餐厅以及技术培训、生活娱乐设施。应建设在牛场上风口和地势较高的地段，可不受牛场粪污及噪声的影响，保证生活区良好的环境卫生。

（2）管理区　包括日常办公、业务洽谈等设施，负责全场的生产管理、生产资料的供应、产品的销售及对外的联系。外来人员只能在管理区内活动。

（3）生产区　生产区是养牛场的核心区和生产基地，包括各种牛舍、饲料仓库、饲料加工调制用房、草料堆放储藏场地等。饲料供应、贮藏、加工调制及与之有关的建筑物，其位置的确定必须兼顾饲料由场外运入、再运到牛舍两个环节，牧草堆放的位置应设在生产区下风口，并与建筑物保持较远的距离，以利于安全防火。

（4）病畜及粪污处理区　粪污处理区应设在牛场最边缘的下风向，处于地势最低处，与生产区保持一定距离，既要便于粪污从牛舍运出，又要便于运到田间施用。

3. 牛场的布局

根据场区规划，搞好牛场布局（图4-28），可改善场区环境，科学

组织生产，提高劳动生产率。要按照牛群组成和饲养工艺来确定各作业区的最佳生产联系，科学合理地安排各类建筑物的位置配备。根据兽医卫生防疫要求和防火安全规定，保持场区建筑物之间的距离。将有关兽医防疫和防火不安全的建筑物安排在场区下风向，并远离职工生活区和生产区。

图4-28　牛场布局

功能相同或相近的建筑物，要尽量紧凑安排，以便流水作业。场内道路和各种运输管线要尽可能缩短，牛舍要平行整齐排列，泌乳牛舍要与挤奶间、饲料调制间保持最近距离。

场内各类建筑和作业区之间要规划好道路，饲道与运粪道不交叉。路旁和奶牛舍四周搞好绿化，种植灌木、乔木，夏季可防暑遮阴，还可调节小气候。

（三）牛场的设施

根据饲养方式的不同，牛舍的建设类型也不同。牛舍是控制牛饲养环境的重要措施，设计牛舍时必须根据牛的生物学特性和饲养管理及生产上的要求，为牛创造最佳的生产环境。现代牛舍建设设计应考虑以下几方面：牛舍方位、隔热性能、冬季保温、防潮能力及通风换气。牛舍朝向以南向为好，彩钢保温夹心板具有保温隔热、防火防水、安装拆卸方便等特点，可以作为牛舍屋顶和墙体材料。

根据开放程度不同，牛舍可分为全开放式牛舍、半开放式牛舍和全封闭式牛舍（图4-29至图4-32）。

全开放式牛舍是外围护结构全开放的牛舍，只有屋顶、四周无墙、全部敞开的牛舍，又称棚舍。这种牛舍结构简单、施工方便、造价低廉，已被广泛利用。在我国中北部气候干燥的地区应用效果较好。弊端是只能遮阳、避雨雪，不能形成稳定的牛舍小气候，人为控制性和操作性不好，不具备很好的强制吹风和喷水降温效果，蚊蝇防治效果较差。

半开放式牛舍，即具备部分外围护的牛舍，常见的是东、西、北三面有墙，南面敞开或有半截墙，这种牛舍冬暖夏凉，经济适用。

全封闭式牛舍，即外围护健全的牛舍，上有顶棚，四周有墙，靠门窗的启闭和机械通风，降温和保温效果良好，应用极为广泛，缺点是建筑成本、造价较高。

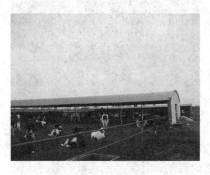

图4-29 全开放式牛舍

图4-30 半开放式牛舍

图4-31 全封闭式牛舍

图4-32 全封闭式牛舍

（四）牛场的配套设施

牛舍内除主要设施牛床、牛栏、颈枷、食槽、喂料通道、清粪通道、粪尿沟及排污设施外，还必须有一套配套设施，保证牛健康、安全、高效生产。牛舍的配套设施包括防疫设施、运动场、凉棚、补饲槽和饮水槽、兽医室及人工授精室、粪尿污水池和贮粪场、青贮窖等。牛舍及配套设施见图4-33、图4-34。

图4-33　牛舍及配套设施　　　　图4-34　牛舍及配套设施

1.防疫设施

牛场建设要在生产区入口处修建消毒池，并保持消毒液有效，人员往来必经的场门两侧应设紫外线消毒走道，供车辆和人员消毒。

2.运动场

运动场（图4-35、图4-36）是牛自由运动和休息的地方，一般设在牛舍南面，也可设在牛舍两侧，一般为牛舍面积的3~4倍，要求平坦、干燥，有一定的坡度，中间高四周低，以利于排水，周围设排水沟。运动场可采用一半水泥地面、一半泥土地面，中间设隔离栏，土质

图4-35　运动场　　　　　　　图4-36　运动场

地面干燥室开放。运动场内还应建立补饲槽和饮水槽，便于补饲粗饲料和及时供应饮水。运动场上面中央最好建有凉棚，利于夏季防暑，高度一般为 3.5 米或更高一点，凉棚材料以草顶遮阴效果最好，现代材料以夹带隔热材料的双层彩钢板较好。

3. 兽医室和人工授精室

应建在生产区较中心部位，便于及时了解、发现牛群发病或发情情况，精液处理间应与消毒室、药房分开，以免影响精子的活力。

4. 粪尿污水池和贮粪场

与牛舍应有 200~300 米的距离，面积或容积根据牛的头数和贮粪周期来确定。

5. 青贮窖

宜选择土质坚硬、地势高燥、地下水位低、靠近牛舍但远离水源和粪坑的地方。青贮窖分为地下式、半地下式和地上式多种，以地下式窖应用较广。窖四周用砖石砌成，水泥盖面，内壁光滑。窖直径与深度之比为 1 :（1.5~2）为宜，窖的大小根据牛头数和饲草需要量来确定。小型饲养户青贮窖可建成圆形，规模养殖场以长方形为好，有条件的最好建造青贮塔。

（五）牛舍环境控制

环境质量监控是对环境中某些有害因素进行检查和测量，是牛场环境质量管理的重要环节之一，目的是为了了解被监控环境受污染状况，及时发现污染问题，采取有效措施，保持牛场内良好的环境。利于牛的生长发育，充分发挥生产潜力，保证高产、稳产。环境控制包括对气温、气湿、气流、光辐射及其他环境因素等，都是对牛不可忽视的重要因素。

1. 环境温度

牛是恒温动物，环境温度对牛机体影响最大，牛通过机体热调节适应环境温度的变化。奶牛生产的最适宜的环境温度为 9~16℃，犊牛13~15℃，环境温度高或低于牛的适宜温度都会给牛生长发育和生产力的发挥带来不良影响。奶牛是怕热不怕冷的动物，高温环境会提高牛的

代谢率，大量散发体热，一般外界温度高于20℃，奶牛就会有热应激反应，严重影响牛体健康，但低温环境会使牛散热过多、代谢失调，不利于牛正常生产。防暑、降温对牛生产尤为重要。

2. 空气湿度

在一般温度条件下，空气湿度对牛体热调节没有影响，但在高温和低温环境中，空气湿度对牛体热调节产生作用。一般湿度越大，体温调节范围越小。高温高湿会导致牛体热散发受阻、体温升高、机能失调、呼吸困难、最后致死、形成热害，是最不利于奶牛生产的环境。低温高湿会增加奶牛体热散发，体温下降，生长发育受阻，饲料报酬降低，增加生产成本。另外，高湿环境还为各类病原微生物及各种寄生虫繁殖发育提供了良好的条件，使牛发病率上升。一般空气湿度在55%~85%时对奶牛没有不良影响，高于90%则会造成危害，所以奶牛生产上要尽量避免高湿环境。

3. 气流（风）

牛体周围冷热空气不断对流，带走牛体所散发的热量，起到降温作用。炎热季节，加强通风换气，有助于防暑降温，并可排出牛舍中的有害气体改善牛舍环境卫生状况。奶牛舍标准温度、湿度和气流参考表4-1。

表4-1　奶牛舍标准温度、湿度和气流

舍别	温度（℃）	相对湿度（%）	风速（米/秒）
成年母牛舍	10	80	0.3
犊牛舍	15	70	0.2

4. 光照（日照、光辐射）

阳光中的红外线对动物有热效应的作用，阳光中的紫外线具有强大的生物学效应，能促进牛体对钙的吸收；还具有消毒效应，有强力杀菌作用；紫外线还可促进血液中红细胞、白细胞数量增加，提高机体抗病能力。所以冬季应增加光照时间，利于牛体防寒，夏季应采取遮阴措施，加强防暑，防止热射病（中暑）的发生。

5. 其他环境因素

大气环境，尤其是牛舍内小气候环境中的有害气体、尘埃、微生物和噪声会对牛健康产生不良影响，轻者引起慢性中毒，使其生长缓慢、体质减弱、抗病力降低、生产力低下；重者会导致患病，甚至死亡。因此加强牛舍通风换气，改善舍内环境卫生非常重要。牛舍中有害气体标准含量见表4-2，牛场空气环境质量标准见表4-3。

表4-2　牛舍中有害气体标准含量

舍别	二氧化碳（%）	氨（毫克/米^3）	硫化氢（毫克/米^3）	一氧化碳（毫克/米^3）
成年母牛舍	0.25	20	10	20
犊牛舍	0.15~0.25	10~15	5~10	5~15

表4-3　牛场空气环境质量标准

项目	单位	场区	牛舍
氨气	毫克/米^3	5	20
硫化氢	毫克/米^3	2	8
二氧化碳	毫克/米^3	750	1 500
可吸入颗粒物（标准状态）	毫克/米^3	1	2
总悬浮颗粒物（标准状态）	毫克/米^3	2	4
恶臭	稀释倍数	50	70

二、科学的饲养管理

为便于饲养管理，通常将牛分为3个阶段，即犊牛阶段、育成牛阶段和成母牛阶段。从出生到6月龄即哺乳期牛称作犊牛，6月龄到第一个分娩期之前统称为育成牛阶段，第一胎分娩后进入泌乳牛群称为成母牛阶段。牛的饲养管理应根据牛的情况分阶段进行。

（一）犊牛的饲养管理

加强犊牛的培育饲养管理是提高牛群质量、保证全活全壮、扩大养牛经济效益的重要环节。犊牛的饲养管理包括初生期护理、及早哺食初乳、及早补饲草料及犊牛管理。

1. 初生期护理

（1）清除体表黏液　犊牛娩出后，应尽早擦除鼻腔及体表黏液，以免犊牛呼吸受阻和受凉，若呼吸困难，要将其倒挂，拍打胸部使黏液流出。

（2）断脐及脐带处理　一般情况下，犊牛娩出后，脐带会自然扯断，如脐带未断或断口过长时，要用消毒剪刀在距腹部 6~8 厘米处剪断脐带，将脐带中残留的血液和黏液挤净，并用 5%~10% 碘酊药液浸泡消毒 2~3 分钟，药液不能流入脐带内，以免继发脐炎。断脐不要结扎，以自然干枯脱落为好。

2. 及早哺食初乳

初乳是母牛分娩后 7 日内分泌的乳汁。初乳营养丰富，含有大量的免疫球蛋白，对增强犊牛的抗病力具有重要作用；还含有溶菌酶，具有杀灭各种病菌功能，能阻止细菌进入血液。犊牛出生后应在 0.5~2.0 小时内吃上初乳。

3. 及早补饲草料

补饲开始时每天先喂 20 克，以后逐渐增加补喂量，到 2 月龄时可增加到 1~1.5 千克，3 月龄为 2~3 千克。青贮料可在 2 月龄开始饲喂，每天 100~150 克，3 月龄时 1.5~2.0 千克，4~6 月龄时 4~5 千克。应保证青贮料品质优良，防止用酸败、变质及冰冻青贮料喂犊牛，以免下痢。

4. 犊牛管理

（1）犊牛管理要做到"三勤"　犊牛的管理要做到"三勤"，即勤打扫，勤换垫草，勤观察。并做到"三观察"，即"喂奶时观察食欲、运动时观察精神、扫地时观察粪便"。健康犊牛一般表现为机灵、眼睛明亮、耳朵竖立、被毛闪光，否则就有生病的可能。

（2）犊牛管理要做到"三净"　犊牛管理的"三净"即饲料净、畜体净和工具净。

饲料净：指牛饲料不能有发霉变质和冻结冰块现象，不能含有铁丝、铁钉、牛毛、粪便等杂质。

畜体净：是保证犊牛不被污泥浊水和粪便等污染，减少疾病发生。坚持每天1~2次刷拭牛体，促进牛体健康和皮肤发育，减少体内外寄生虫病。

工具净：指喂奶和喂料工具要讲究卫生。特别是阴雨季节，母牛乳房、乳头易被粪水污泥沾污，必要时要进行清洗。每次用完的奶具、补料槽、饮水槽一定要洗刷干净，保持清洁。

（3）犊牛补料要做到"四看"　看食槽：牛犊没吃净食槽内的饲料，说明喂料量过多；如食槽底和壁上只留下像地图一样的料渣舔迹，说明喂料量适中；如果槽内被舔得干干净净，说明喂料量不足。

看粪便：牛犊排粪量日渐增多，粪块呈无数团块融在一起的叠痕，像成年牛牛粪一样油光发亮但发软，说明喂料量正常。随着喂料量的增加，牛犊排粪时间形成新的规律，多在每天早、晚两次喂料前排便。

看食相：牛犊对固定的喂食时间10多天就可形成条件反射，每天一到喂食时间，牛犊就跑过来寻食，说明喂食正常。如果牛犊吃净食料后不肯离去，说明喂料不足。喂料时，牛犊不愿到槽前来，说明上次喂料过多或有其他问题。

看肚腹：喂食时如果牛犊腹陷很明显，不肯到槽前吃食，说明牛犊可能受凉感冒，或患了伤食症。如果牛犊腹陷很明显，食欲反应也强烈，但到食槽前只是闻闻，一会儿就走开，这说明饲料变换太大不适口，或料水温度过高过低。如果牛犊肚腹膨大，不吃食，说明上次吃食过量，可停喂一次或限制采食量。

（4）犊牛断奶　对犊牛实行早期断奶是缩短母牛产后发情间隔时间简便而有效的手段。现在普遍采用的为母牛60日龄断奶，技术先进的奶牛场已提前到30~45日龄断奶。断奶第1周，母、犊可能互相呼叫，应进行分舍饲养管理或拴系饲养，不让互相接触。

（5）犊牛的一般管理　①防止舔癖。犊牛与母牛要分栏饲养，定时放出哺乳，犊牛最好单栏饲养；其次犊牛每次喂奶完毕，应将犊牛口鼻部残奶擦净，对于已形成舐癖的犊牛，可在鼻梁前套一小木板来矫正。② 做好定期消毒。冬季每月至少进行一次消毒，夏季每 10 天一次，用苛性钠、石灰水或来苏儿对地面、墙壁、栏杆、饲槽、草架全面彻底消毒。③ 去角。一般在生后的 5~7 天进行。去角的方法有固体苛性钠法、电烙器去角法。固体苛性钠法是用苛性钠破坏生角细胞的生长，达到去角之目的。实践中应用效果较好。

（二）育成牛的饲养管理

育成牛瘤胃发育迅速。随着年龄的增长，瘤胃功能日趋完善，12 月龄左右接近成年水平，正确的饲养方法有助于瘤胃功能的完善。此阶段是牛的骨骼、肌肉发育最快时期，体型变化大。6~9 月龄时，卵巢上出现成熟卵泡，开始发情排卵，但不能过早配种。一般在 18 月龄左右，体重达到成年体重的 70% 时配种。

为了增加消化器官的容量，促进其充分发育，育成母牛的饲料应以粗饲料和青贮料为主，精料只作蛋白质、钙、磷等的补充。

1. 育成牛的饲养

4~6 月龄即刚断奶的犊牛，瘤胃机能还处于正在健全阶段，而生长发育速度较快，需要相应的营养物质，有条件者可采用颗粒饲料。日粮以易消化的优质青干草和犊牛精饲料为主。可采用的日粮配方：犊牛料 1.5~2 千克，青干草 1.4~2.5 千克或青贮 5~10 千克。

7~12 月龄为性成熟期，母牛性器官和第二性征发育很快。为了兼顾育成牛生长发育的营养需要并促进消化器官进一步发育完善，此期饲喂的粗料应选用优质青干草、青贮料，经加工处理后的农作物秸秆等可作为辅助粗饲料，少量添加，同时还必须适当补充一些精饲料。一般日粮中干物质的 75% 应来源于青粗饲料，25% 来源于精饲料。日喂量：混合料 2~2.5 千克，青干草 0.5~2 千克，玉米青贮 1.5~2.5 千克，秸秆类粗饲料自由采食。

13~18 月龄育成牛，一般情况下，利用好的干草、青贮料、半干青贮料就能满足母牛的营养需要，精料不需增加。

18~24月龄进入繁殖配种期。日粮以优质干草、青草、青贮料和多汁饲料及氨化秸秆作为基本饲料，精料不变。而到妊娠后期，由于胎儿生长发育迅速，需要较多营养物质，每日补充2~3千克精饲料。如有放牧条件，应以放牧为主。在优质草地上放牧，精料可减少20%~40%。

2. 育成牛的管理

（1）分群　育成牛断奶后根据年龄、体重情况进行分群。分群时，首先年龄和体格大小应该相近，月龄差异一般不应超过2个月，体重差异应低于30千克。

（2）穿鼻　犊牛断奶后，在7~12月龄时应根据饲养以及将来的繁殖管理的需要适时进行穿鼻，并带上鼻环。鼻环应以不易生锈且坚固耐用的金属制成。

（3）加强运动　规模场的舍饲牛要有一定的运动场所和时间，每天至少要有4小时以上的自由运动时间，以保障健康。

（三）成母牛的饲养管理

1. 妊娠母牛的饲养管理

孕期母牛的营养需要和胎儿生长有直接关系。妊娠前6个月胚胎生长发育较慢，不必为母牛增加营养，对怀孕母牛保持中上等膘情即可。胎儿增重主要在妊娠的最后3个月，此期母牛体内需蓄积一定养分，以保证产后泌乳量。一般在母牛分娩前，至少增重45~70千克，才足以保证产犊后的正常泌乳与发情。

日粮按以青粗饲料为主适当搭配精饲料的原则，参照饲养标准配合日粮。粗料以麦秸、稻草、玉米秸等干秸秆为主时，必须搭配优质豆科牧草，补饲饼粕类饲料，也可以用尿素代替部分饲料蛋白。根据膘情补加混合精料1~2千克。

充足的运动可增强母牛体质，促进胎儿生长发育，并可降低难产率。

2. 分娩母牛（即围产期）的饲养管理

产前半个月，将母牛移入产房，由专人饲养和看护，发现临产征兆，估计分娩时间，准备接产工作。母牛在分娩前 1~3 天，食欲低下，消化机能较弱，此时要精心调配饲料，精料最好调制成粥状，特别要保证充足的饮水。

母牛分娩后，由于大量失水，要立即喂母牛以温热、足量的麸皮盐水（麸皮 1~2 千克，盐 100~150 克，碳酸钙 50~100 克，温水 15~20 千克），可起到暖腹、充饥、增腹压的作用。同时喂给母牛优质、嫩软的干草 1~2 千克。为促进子宫恢复和恶露排出，还可补给益母草温热红糖水（益母草 250 克，水 1 500 克，煎成水剂后，再加红糖 1 千克，水 3 千克），每日 1 次，连服 2~3 天。

分娩后阴门松弛，躺卧时黏膜外翻易接触地面，为避免感染，地面应保持清洁，垫草要勤换。母牛的后躯阴门及尾部应用消毒液清洗，以保持清洁。加强监护，随时观察恶露排出情况，观察阴门、乳房、乳头等部位是否有损伤。每日测 1~2 次体温，若有升高及时查明原因进行处理。

3. 哺乳期母牛的饲养管理

哺乳母牛的主要任务是多产奶。母牛在哺乳期所消耗的营养比妊娠后期还多，舍饲饲养时，在饲喂青贮玉米或氨化秸秆保证维持需要的基础上，补喂混合精料 2~3 千克，并补充矿物质及维生素添加剂。

头胎泌乳的青年母牛除泌乳需要外，还需要继续生长，营养不足对繁殖力影响明显，所以，一定要饲喂优良的禾本科及豆科牧草，精料搭配多样化。在此期间，应经常刷拭牛体，促使母牛加强运动，充足饮水。

4. 干乳母牛的饲养管理

当随母牛哺乳的犊牛断奶后、挤奶母牛日产奶低于 5 千克或乳肉兼用高产肉牛到达断奶期时，就要对母牛进行断奶。

自然哺乳的母牛在预计断奶期前 1 周即停喂精料，只给粗料和干草、秸秆等，使其泌乳量减少。母牛在断乳 10 天后，乳房乳汁会被组织吸收，乳房呈现萎缩。这时可增加精料和多汁饲料，5~7 天后执行妊娠母牛或肉牛的饲养标准。同时注意观察乳房停奶后的变化，保证乳房的健康。要保证牛有适当的运动，以减少蹄病和难产的发生。牛舍应保持干燥、清洁。

三、建立完善的病例档案

（一）坚持以预防为主

根据本场的实际情况和周围的疫病流行情况有计划地进行预防免疫接种，做到有的放矢，防止外来疾病侵入牛群，提高牛群整体健康水平；如受到疾病的威胁，要进行紧急免疫接种，迅速控制和扑灭疾病的传播与流行。

（二）加强饲养管理

任何一种疫病的发生除有病原体外，还与环境、营养和管理有关，良好的环境、全价平衡饲料的供给及科学的管理方法，是牛群健康的保证，无论哪个因素出现问题，都会导致牛群健康受到损害，引起疾病的发生。

四、发生传染病时的紧急处置措施

牛的慢性病主要是指结核、副结核和布氏杆菌病三大牛慢性传染病，牛群一旦感染，污染面广、感染率高、难以治愈、不易清除，若全群淘汰，经济损失很大。因此，目前对这种牛群应采取一系列卫生防疫措施，培育出健康犊牛，以达到更新牛群的目的。

（一）严格检疫，净化牛群

1. 结核病牛群的净化

根据牛群结核污染的程度确定检疫方法和次数。对从未进行检疫的牛群及结核阳性反应检出率在3%以上的牛群，应用结核菌素皮内注射，并结合点眼的方法，每年进行4次以上的检疫（图4-37）；对经过定期检疫污染率在3%以下的假定健康牛群，用结核菌素皮内注射方法，每年进行4次检疫；对犊牛群，以皮内注射方法，分别于生后20~30天、100~120天、6月龄时进行3次检疫。所检出的结核阳性反应牛都立即调离牛群，进行隔离。开放性结核病牛立即扑杀。如果经过连续3次检疫不再发现阳性反应牛，可认为该牛群已被净化，以后可按照健康牛群的方法进行检疫，即每年春、秋用皮内注射方法各进行1次检疫。

图4-37　检疫样品

2.副结核病牛群的净化

每年用禽型结核菌素或副结核菌素皮内注射法，结合补体结合反应做4次检疫（间隔3个月）。对检出的变态反应阳性牛，集中隔离，分批淘汰；开放性病牛及时扑杀处理，逐步达到净化病牛群的目的。补体结合反应阳性牛予以淘汰、扑杀处理。

3.布氏杆菌病牛群的净化

布氏杆菌病疫区内的牛群，每年用凝集反应定期进行2次检疫（图4-38）。检出的病牛严格隔离，固定放牧区及饮水场，严禁与健康牛接触，经检疫为阴性的牛，定期进行预防接种。如此坚持数年，即可逐步从牛群中清除布氏杆菌病牛，建立起无布氏杆菌病的牛群。

图4-38　样品染色

（二）建立犊牛隔离场，培养健康后代

图 4-39　犊牛隔离场

图 4-40　犊牛隔离场

上述"三病"变态反应的阳性母牛，只要不是开放性的，都可以用来培育健康牛犊。方法是：犊牛出生后，立即用 0.5% 过氧乙酸消毒全身，送到远离病牛舍的地方专栏饲养。先挤喂母乳 3~5 天，使犊牛获得母源抗体，增强抵抗力。然后移至更远（离病牛场 200 米以上）的隔离牛舍（图 4-39、图 4-40），单独组群饲养。此时，给犊牛饲喂健康牛的混合乳，如无健康牛牛乳，可用阳性反应牛牛乳代替，但必须经过 80~85℃隔水加热消毒 15~20 分钟。隔离期间，根据净化的目的进行检疫，即在出生后 20~30 日龄、100~120 日龄和 6 月龄时做 3 次结核病检疫；在出生后 1、3、6 月龄时做 3 次副结核病检疫；在生后 80~90 日龄、4 月龄和 6 月龄时做 3 次布氏杆菌病检疫。凡阳性反应犊牛一律淘汰；连续 3 次检疫均为阴性反应者，于体表彻底消毒后，转入健康牛群饲养。对布氏杆菌病阴性反应的犊牛，要马上接种布氏杆菌菌苗，并观察 1 个月，凝集反应阳转阴（免疫有效）后，方可转入健康牛群。久而久之，即可以这样培育的健康牛群取代病牛群。

第五章 牛常见病的防制

第一节 病毒性疾病

一、口蹄疫

口蹄疫俗称"口疮"、"蹄癀"，是由口蹄疫病毒引起的一种人和偶蹄动物的急性发热性、高度接触性传染病。主要临床症状特征表现在口腔黏膜、唇、蹄部和乳房皮肤发生水泡和溃烂（图5-1）。

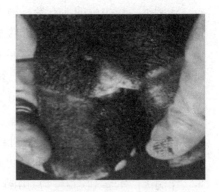

图5-1 牛蹄叉溃烂型

（一）病因

该病由口蹄疫病毒引起。口蹄疫病毒是动物 RNA 病毒，呈圆形，直径 20~25 微米，该病毒具有多型性、变异性等特点，目前全世界有7个主型：A、O、C、南非1、南非2、南非3和亚洲Ⅰ型。各型之间不能互相免疫，即感染了此型病毒的动物，仍可感染其他型病毒。各型的临床表现相同。该病毒对动物致病力特强，1克新鲜的牛舌皮毒，捣碎成糊状，稀释107~108倍后，取1毫升舌面接种牛，还能使牛发病。病毒存在于病牛的水泡、唾液、血液、粪、尿及乳汁中。病毒对外界抵抗力很强，不怕干燥，但对日光、热、酸、碱均敏感。

（二）诊断

1. 流行病学

不同地区可表现为不同的季节性，牧区一般从秋末开始，冬季加剧，春季减轻，夏季平息。在农区，这种季节性不明显。病牛是传染源，传播途径是通过直接接触或间接接触，经消化道、损伤的黏膜、皮肤和呼吸道传播。口蹄疫病毒传染性很强，一旦发病呈流行性，且每隔一两年或三五年就流行一次，有一定的周期性。

2. 症状

潜伏期平均为2~4天，长者可达一周左右。病牛体温升高至40~41℃，精神不振，食欲减退，流涎。1~2天后，唇内面、齿龈、舌面和颊部黏膜出现1~3厘米见方的白色水疱，大量流涎，水疱破裂形成糜烂，病牛因口腔疼痛采食困难，进食减少或不进食。水疱破裂后，体温下降至正常，糜烂部位逐渐愈合。与水疱出现的同时或稍后，蹄部的趾间、蹄冠的皮肤也出现水疱，并很快破裂，病畜不愿意行走，严重者蹄匣脱落。在牛的鼻部和乳头上也出现水疱，之后破裂，形成粗糙的、有出血的颗粒状糜烂面。感染的怀孕母牛经常出现流产。病程为一周左右，病变部位恢复很快，全身症状也渐好转。如果发生在蹄部，病程较长，2~3周，死亡率低，不超过1%~3%。但是，如果病毒侵害心肌时，可使病情恶化，导致心脏出现麻痹而突然倒地死亡。

3. 病理变化

主要在口腔黏膜、蹄部、乳房皮肤出现水疱及糜烂面。病毒毒素侵害心肌而死亡的牛，心肌变性和出血及在心肌上可看到许多大小不等、形态不整齐的灰白色或灰黄色混浊无光泽的条纹样病灶，称为"虎斑心"。

4. 实验室检查

做病毒分离，采用鸡胚和细胞培养分离病毒。血清学检查主要应用反向间接血凝试验、酶联免疫吸附试验等检测病毒抗原。

本病应与牛黏膜病、牛恶性卡他热、水疱性口炎相区别。牛黏膜病口腔黏膜虽有糜烂，但无水疱形成；牛恶性卡他热散发性发生，全身症状重，有角膜混浊，死亡率高；水疱性口炎流行范围小，发病率低。

（三）防治

口蹄疫一般情况下，不允许治疗，应严格执行我国《口蹄疫防治技术规范》规定的处理措施，扑杀病牛，并对尸体进行无害化处理。

发生口蹄疫时，受威胁区内的健康牛，采用与当地流行的相同病毒型、亚型的减毒活苗和灭活苗进行接种。

二、牛流行热

牛流行热，简称牛流行性感冒，又称三日热或暂时热，是牛的一种急性、热性、高度接触性传染病。临床特征表现为：突发高热、流泪、流涎、呼吸促迫，四肢关节障碍及精神抑郁（图 5-2）。

图 5-2　流行热病牛

（一）病因

由流行热病毒引起，病毒粒子呈子弹状或圆锥状，尖端直径 16.6 纳米，底部直径 70~80 纳米，高 145~176 纳米。病毒抵抗力不强，对酸、碱、热、紫外线照射均敏感。

（二）诊断

1. 流行病学

病牛是传染源，病毒主要存在于病牛高热期血液和呼吸道分泌物中。在自然条件下，本病传播媒介为吸血昆虫，经叮咬皮肤感染。多雨潮湿的季节容易造成本病的流行。本病传播迅速，短期内可使很多牛感染发病，不同品种、性别、年龄的牛均可感染发病，呈流行性或大流行，每3~5年流行一次。

2. 症状

潜伏期2~10天，常突然发病，迅速波及全群，体温升高到40℃以上，持续2~3天。病牛精神不振，鼻镜干燥发热，反刍停止，奶产量急剧下降。全身肌肉和四肢关节疼痛，步态不稳，又称"僵直病"。高热时，呼吸急促，呼吸次数每分钟可达80次以上，肺部听诊有肺泡音高亢，支气管音粗厉。眼结膜充血、流泪、流鼻漏、流涎、口边粘有泡沫。病牛尿量减少，怀孕牛容易流产。病程为2~5天，有时可达1周，绝大多数能够恢复。

3. 病理变化

主要病变在呼吸道，有明显肺间质性气肿，部分病例可见肺充血及水肿，肺体积增大。严重病例全肺膨胀充满胸腔。在肺的心叶、尖叶、膈叶出现局限性暗红色乃至红褐色小叶肝变区。气管和支气管充泡沫状液体。全身淋巴结呈不同程度的肿大、充血和水肿。实质器官多呈现明显的浑浊肿胀。此外，还发现关节、腱鞘、肌膜的炎症变化。

4. 实验室检查

用病死牛的脾、肝、肺、脑等组织及人工感染乳鼠脑组织制成超薄切片，或细胞培养物经处理后用负染法，在电镜下观察病毒颗粒。

血清学检查可将从病牛采集的急性期和恢复期双份血清做补体结合试验、ELISA试验和中和试验，以检测特异性血清抗体。

应与类蓝舌病、牛呼吸道合胞体病毒感染及牛传染性鼻气管炎相区别：类蓝舌病不出现全身肌肉和四肢关节疼痛症状；牛呼吸道合胞体病流行季节在晚秋，症状以支气管肺炎为主，病程长；牛鼻气管炎多发

生在寒冷季节，症状以呼吸道症状为主，少见全身性症状。

（三）防治

本病为良性经过，应对症治疗及加强护理，如解热、补糖、补液等，数日后可恢复。对严重病例，在加强护理的同时应采取解热、消炎、强心等治疗手段。此外，可静脉放血（1 500~2 500毫升），以改善小循环，防止过度水肿。对瘫痪的奶牛，在卧地初期可应用安乃近、水杨酸、葡萄糖酸钙等静脉注射。在流行季节到来之前，接种牛流行热亚单位疫苗或灭活疫苗。在吸血昆虫滋生前1个月接种，间隔3周后进行第2次接种，部分牛有接种反应，奶牛接种后3~5天奶产量会有轻微下降。对假定健康牛和附近受威胁地区牛群，可用高免血清进行紧急预防。血吸虫是媒介，因此，消灭血吸虫及防止叮咬也是一项重要措施。

三、牛传染性鼻气管炎

牛传染性鼻气管炎是由牛传染性鼻气管炎病毒感染牛引起的一种急性、热性、接触性传染病，临床上以高热、呼吸困难、鼻炎、窦炎以及上呼吸道炎症为主要特征（图5-3）。

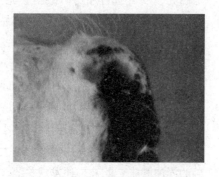

图5-3　牛鼻气管炎

（一）病原及流行病学特点

牛传染性鼻气管炎病毒是疱疹病毒科中抵抗力较强的一种病毒，是泛嗜性病毒，能侵袭多种器官组织，引起多种临床症状。病牛及其排泄物是主要的传染源，牛可通过多种途径感染发病。

（二）临床症状

病牛精神沉郁，食欲减少，体温升高，可达42℃，呼吸加快，鼻镜有干燥的结痂，流浆液性、黏液性或脓性鼻液，咳嗽，有时在鼻孔或鼻镜处可见白斑，并听到气管啰音。有些病例出现支气管炎或细支气管炎，但多数病例没有肺脏病变。妊娠牛感染该病毒可发生流产。结膜炎型经常与呼吸道型的牛传染性鼻气管炎同时存在，出现严重的结膜炎，并有浆液性、黏液性或脓性分泌物。还有些病例出现脑炎症状。

（三）诊断

根据临床症状、流行病学特点可对本病做出初步诊断。确诊可采用病毒分离鉴定、中和试验、荧光抗体技术、间接血凝试验或酶联免疫吸附试验以及病毒 DNA 的核酸探针技术等方法进行检测。注意本病与牛流行热、牛病毒性腹泻—黏膜病、牛蓝舌病和茨城病等疾病的鉴别诊断。

（四）防治

实行严格检疫，防止引入传染源和带入病毒是防制本病最重要的措施。加强饲养管理，对牛进行定期牛传染性鼻气管炎免疫接种。对病牛进行隔离。本病目前尚无特效疗法，只能采取综合性措施及进行对症治疗，预防治疗细菌继发感染，或根据具体情况病牛采取淘汰或扑杀。

四、牛海绵状脑病（疯牛病）

本病由朊病毒引起，以行动异常、运动失调、轻瘫、脑灰质海绵状形成和神经元空泡形成为特征。

（一）病因

发病原因由与痒病毒相类似的一种朊病毒引起，该病毒分布于病牛脑、颈部脊髓、脊髓末端和视网膜等处。正常情况下，病毒以无害的细胞蛋白质形式存在，但可以变异，使动物及人发病。病毒对热抵抗力很强，100℃也不能完全使其灭活。

（二）诊断

1.流行病学

该病 1965 年首先在英国发现，之后在英国蔓延。美国、加拿大、瑞士、葡萄牙、法国、德国、日本等均发生过本病。患病的绵羊、牛及带毒牛是本病的传染源，饲喂含有疯牛病病毒的骨粉可成为病毒携带者。传播途径主要通过消化道感染，猫和多种野生动物、人也可感染。

2. 症状

潜伏期4~6年，甚至更长，呈散发性。多发生于夏季和初秋，发病初头部颤动，左右摇晃，进而烦躁不安、行动反常，对声音及触摸十分敏感。由于恐惧、狂躁而表现出攻击性，行动失调，步态不稳，胡乱蹬踢。有些牛可出现头部和肩部肌肉颤抖和抽搐，后期出现强直性痉挛，最后极度消瘦而死亡，病程14~180日。

3. 病理变化

脑组织呈海绵状即脑组织空泡化，脑灰质形成明显的空泡，神经元变性、坏死和星状胶质细胞增生。

4. 实验室检查

据报道，已分离出能分辨出脑部正常型朊病毒和疾病型朊病毒的15B3抗体，可以据此确诊本病。

（三）防治

无特效疗法，应以预防为主，严禁饲喂肉骨粉，引种时应特别注意，加强严格的检疫。

第二节　细菌性疾病

一、布氏杆菌病

本病也称传染性流产，是由布氏杆菌引起的人畜共患的一种接触性传染病，特征为流产和不孕。

（一）病因

本病由布氏杆菌引起，该菌微小，近似球状的杆菌，（1~5）微米 × 0.5

微米，不形成芽孢、无荚膜（图5-4），革兰氏染色阴性，需氧兼性厌氧菌。布氏杆菌对热抵抗力不强，60℃ 30分钟即可杀死，对干燥抵抗力强，在干燥的土壤中可生存2个月以上，在毛、皮中可生存3~4个月。一般消毒剂也可杀死。病菌从损伤的皮肤、黏膜侵入机体，致使发病。

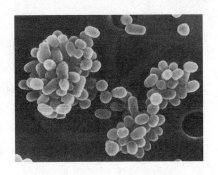

图5-4　布氏杆菌

（二）诊断

1.流行病学

春、夏容易发病，病畜为传染源，病菌存在于流产的胎儿、胎衣、羊水、流产母畜阴道分泌物及公畜的精液内。传染途径是直接接触性传染，受伤的皮肤、交配、消化道等均可传染，呈地方性流行。发病后可出现母畜流产，在老疫区出现关节炎、子宫内膜炎、胎衣不下、屡配不孕、睾丸炎。犊牛有抵抗力，母畜易感。

2.症状

流产是最主要的症状，流产多发生在妊娠后第5~8个月，产出死胎或弱胎、胎衣不下，流产后阴道内继续排出褐色恶臭液体，母牛流产后很少发生再次流产。公畜常发生睾丸炎或副睾丸炎。病牛发生关节炎时，多发生在膝关节及腕关节。

3.病理变化

病牛除流产外，在绒毛叶上有多数出血点和淡灰色不洁渗出物，并覆有坏死组织、胎膜粗糙、水肿、严重充血或有出血点，并覆盖一层纤维蛋白质。胎盘有些地方呈现淡黄色或覆盖有灰色脓性物。子宫内膜呈卡他性炎或化脓性内膜炎。流产胎儿的肝、脾和淋巴结呈现程度不同的肿胀，甚至有时可见散布着炎性坏死小病灶。母牛常有输卵管炎、卵巢炎或乳房炎。公牛精囊常有出血和坏死病灶，睾丸和附睾坏死，呈灰黄色。

4.实验室检查

病原学检查可采用流产胎盘和胎儿胃液或流产后2~3天之阴道分泌物做成涂片，革兰氏染色，进行镜检，可见革兰氏阴性球杆菌，常散在排列，无鞭毛、无芽孢，大多数情况不形成荚膜。采集病牛的血、脊髓液、流产胎儿等，进行培养分离病菌，在血清肝汤琼脂内作振荡培养后，经3~7天，牛流产布氏杆菌可于表面下0.5厘米处形成带状生长。

本病应与其他病因引起的流产相区别，如机械性流产、滴虫性流产、弯曲菌性流产、变动性流产。

（三）防治

首先进行隔离，对流产伴有子宫内膜炎的母畜，可用0.1%高锰酸钾溶液冲洗子宫和阴道，每日各一次，然后注入抗生素。也可用中药治疗，即：益母草30克、黄芩18克、川芎15克、当归15克、熟地15克、白术15克、双花15克、连翘15克、白芍15克，研为细末。

免疫方面，应用19号活菌苗，犊牛6个月接种一次，18个月再接种一次，免疫效果持续数年。预防上要定期检疫，消毒。

二、结核病

结核病是由结核分枝杆菌（图5-5）引起的人畜共患的一种慢性传染病。特征是在机体组织中形成结核结节性肉芽肿和干酪样、钙化的坏死病变。

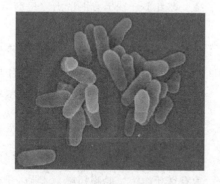

图5-5　结核分枝杆菌

（一）病因

本病由结核分枝杆菌引起，病菌分三型：牛型、人型、禽型。病菌长1.5~5微米、宽0.2~0.5微米，菌体形态为两端钝圆、平直或稍弯曲的纤细杆菌，无芽孢、荚膜和鞭毛，没有运动性，需氧菌，革兰氏阳性。对外界抵抗力强，对干燥和湿冷更强。对热抵抗力差，60℃30分钟可死亡，100℃沸水中立即死亡。一般消毒药，如 5% 来苏儿、3%~5% 甲醛、70% 酒精、10% 漂白粉溶液等可杀灭病菌。

（二）诊断

1. 流行病学

患牛是本病的传染源，不同类型的结核杆菌对人和畜有交叉感染性。病菌存于鼻液、唾液、痰液、粪尿、乳汁和生殖器官的分泌物中，这些东西能污染饲料、饮用水和空气、周围环境。可通过呼吸道和消化道感染，环境潮湿、通风不好、牛群拥挤、饲料营养缺乏维生素和矿物质等均可诱发本病。

2. 症状

潜伏期一般为 10~45 天，呈慢性经过，有以下几种类型。

（1）肺结核　长期干咳，之后变为湿咳，早晨和饮水后较明显，渐渐咳嗽加重，呼吸次数增加，且有淡黄色黏液或黏性鼻液流出。食欲下降、消瘦、贫血，产奶量减少，体表淋巴结肿大，体温一般正常或稍高。

（2）淋巴结核　肩前、股前、腹股沟、颌下、咽及颈部等淋巴结肿大，有时可能破裂形成溃疡。

（3）乳房结核　乳房淋巴结肿大，常在后方乳腺区发生结核，乳房肿大，有硬块，产奶量减少，乳汁稀薄。

（4）肠结核　多发生于犊牛，下痢与便秘交替，之后发展为顽固性下痢，粪便带血、腥臭，消化不良，渐渐消瘦。

3. 病理变化

剖检特征为形成结核结节，肺部及其所属淋巴结核为首，其次为胸膜、乳房、肝和子宫、脾、肠结核等。肉眼可发现脏器有白色或黄色结节，切面呈干酪化坏死，有的呈钙化、有的形成空洞

图 5-6　病牛肺部病变

（图5-6）。胃肠道黏膜有大小不等的结核结节或溃疡。乳房结核，在病灶内含干酪样物质。

4. 实验室检查

采集病畜的痰、乳及其他分泌物，作抹片镜检。作抹片时，应首先经牛结核酸碱处理，使组织和蛋白液化，用抗酸性染色。

本病应与牛肺炎、牛副结核相区别，牛肺炎在我国已扑灭，牛副结核症状表现以持续性下痢为主，并伴有水肿。

（三）防治

应用链霉素、异烟肼、对氨基水杨酸钠及利福平等药治疗本病，在初期有疗效，但不能彻底根治。因此，一旦发现病牛，应立即淘汰。应采取严格的检疫、隔离、消毒措施，加强饲养管理，培养健康牛群。

三、牛巴氏杆菌病

巴氏杆菌病是由多杀性巴氏杆菌感染引起的各种家畜、家禽和野生动物的一种传染病的总称。牛巴氏杆菌病，又称牛出血性败血症，是牛的一种急性传染病，临床上以高热、肺炎和内脏广泛出血为主要特征。

（一）病原及流行病学特点

多杀性巴氏杆菌是两端钝圆、中央略凸的短杆菌，革兰氏染色阴性，用瑞氏、姬姆萨氏法或美蓝染色、镜检，菌体两端着色深、中央着色浅，像两个并列球菌，故又叫两极杆菌。本菌对外界抵抗力较弱，在血液和粪便中可存活10天，在干燥环境中存活2~3天，在腐尸内可存活1~3个月。阳光直射、高温和常用消毒药可灭活本菌。患病牛或健康带菌牛是主要的传染源，病菌可随分泌物与排泄物排出体外，污染环境。该病可经消化道和呼吸道等途径传播。

（二）临床症状与病理变化

本病潜伏期为2~5天。根据临床症状可将本病分为两个类型。

1.急性败血型

病牛体温突然升高，可达 40~42℃，精神不振，拒食，呼吸困难，可视黏膜紫绀。有的病例从鼻孔流出带血泡沫。有的病例发生腹泻，粪便带血，一般于发病 24 小时内因衰竭而死亡。没有特征性的剖检变化，只见黏膜和内脏表面点状出血。

2.肺炎型

患牛呼吸困难，痛性干咳，鼻孔流出无色泡沫，听诊有支气管啰音或胸膜摩擦音，叩诊胸部出现浊音区。严重病例头颈伸直，张口伸舌，呼吸高度困难，颌下、喉头及颈下方出现水肿，颈部与背部皮下出现气肿，常死于窒息。2 岁以下的牛常伴有剧烈腹泻，粪便带血。剖检可见胸腔内有大量蛋花样液体、肺、胸膜及心包发生粘连，出现纤维素性肺炎，肺组织肝样变，切面呈红色、灰黄色或灰白色，有散在的小坏死灶（图 5-7）。腹泻病牛的胃肠黏膜严重出血。

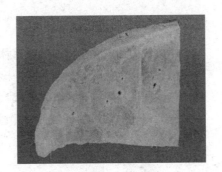

图 5-7　牛肺部病变

（三）诊断

根据流行病学材料、临床症状和病理变化可对该病做出诊断。也可进行实验室诊断，如病原形态观察或细菌分离鉴定，或进行小鼠试验感染。在临床上注意本病与炭疽、气肿疽、恶性水肿与牛肺疫的鉴别诊断。

（四）防治

加强饲养管理，增强牛抗病能力，注意环境卫生消毒工作，消除应激因素。在疫区，用牛出血性败血症氢氧化铝菌苗对牛群进行免疫接种。对病牛和疑似病牛，应进行严格隔离，积极治疗。对污染的厩舍和用具用 5% 漂白粉液或 10% 石灰乳消毒。

对病牛可用恩诺沙星、环丙沙星等抗菌药大剂量静脉注射。如环丙沙星，肌内注射量2.5~5毫克/千克体重，静脉注射量2毫克/千克体重，1天2次。四环素、青霉素、链霉素、庆大霉素及磺胺类药物对该病也有很好疗效。如配合使用抗出血性败血症多价血清，成年奶牛60~100毫升，犊牛30~50毫升，一次注入，效果更好。对有窒息危险的病牛，可作气管切开术。

四、放线菌病

（一）病原及流行病学特点

牛放线菌病主要是由牛放线菌林氏放线杆菌感染牛引起的，以色列放线菌、金黄色葡萄球菌与化脓性棒状杆菌也可引起本病。放线菌随植物的芒刺损伤口腔黏膜或窜入唾液腺导管开口处而感染奶牛。年轻奶牛更换永久齿，可经破损的齿龈黏膜感染放线菌。深部的软组织感染后，放线菌可经血管或淋巴管侵入远处器官。

（二）临床症状

有的病例下颌骨表现化脓性骨化性骨膜炎（图5-8）或骨髓炎。随病程的发展，骨层板和骨小管遭到破坏，出现骨疽性病变，下颌骨肿大，呈粗糙海绵样多孔状，甚至局部形成瘘管，有脓汁排出。有的病例呈现上颌骨放线菌病，病变扩展到上颌窦，在窦腔有放线菌增生物，在面部形成瘘管口（图5-9）。

有的病牛咽部与喉部出现放线菌病灶呈蕈状增生物。软部组织放线菌病，在病灶中心有大量多形核白细胞，周围有新生肉芽组织，外层为成纤维细胞形成包膜。在这些结节性病灶周围，可不断生出新的结节，被结缔组织围绕，持续扩大，形成大型状肉

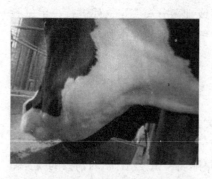

图5-8　下颌骨化脓性骨化性骨膜炎

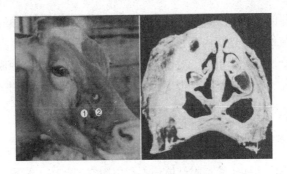

图 5-9　牛面部病变

芽肿——放线菌肿。有时放线菌肿包内有大量白细胞浸润，并使组织崩解，形成脓肿和瘘管，向外排脓。

（三）治疗

外科手术是治疗本病的主要方法。

1. 保定与麻醉

对小肉芽肿病例可施行站立保定。对大型肉芽肿且根蒂较深者，可采用右侧侧卧保定。常用局部浸润麻醉。

2. 手术方法

肉芽肿及瘘管在急性感染早期，可先给予抗感染治疗。如已形成脓肿须切开排脓，待急性炎症完全消退后，再择期手术。

手术时，在病变基部皮下作浸润麻醉。在球状肉芽肿底部两侧，沿被毛方向作一大于肉芽肿纵径的梭形皮肤切口。切开两侧皮肤后，用组织钳或止血钳牵引两侧皮瓣；用刀或剪分离肉芽肿周围组织。再用双股粗丝线或锐齿拉钩将肉芽肿组织提起，并继续分离。向深部分离时，如处在颈静脉分叉处，必须注意避免损伤血管。沿肉芽肿分离周围组织时，不要紧贴索状根蒂，而应多带一些周围组织，以防剥破管壁，造成术部污染。显露肉芽肿根蒂部，仔细分离并向上追踪至腮腺或颌下腺，甚至咽喉部病灶中心部。用止血钳夹住根蒂部，再用缝线结扎并切除根蒂。有时为了单纯追求深度，可能严重损伤腺体，造成与咽喉腔相通。

在术部操作时，要善于识别唾液腺体、大血管及神经。唾液腺被误切或损伤后，应作两层连续内翻包埋缝合，以防术后形成唾瘘。创内充分止血后，缝合皮肤并作引流。对于单纯性放线菌脓肿，待脓肿成熟后，切开排脓，而不做完整摘除，很多病例也因此痊愈。术后使用抗生素预防切口感染，8~10后天拆除皮肤缝线。

五、附红细胞体病

附红细胞体病（简称附红体病）是由附红细胞体（简称附红体）引起的一种人、兽共患传染病，以贫血、黄疸和发热为主要临床特征。

（一）病原与流行病学特点

目前，多数学者认为附红细胞体为立克次体目无浆体科附红细胞体属成员。附红细胞体是一种多形态微生物，呈环形、球形、卵圆形、顿号形或杆状，革兰氏染色阴性，在红细胞表面单个或成团寄生，在血浆中呈游离状态。多种家畜和人类均可感染。本病的确切传播途径尚不清楚，可能经接触、血液及媒介昆虫等途径传播，或可垂直传播。

（二）临床症状

多数动物呈隐性感染。随动物种类不同，潜伏期有较大差异，一般为2~45天。发病动物精神委顿，食欲不振，发热，便秘或腹泻，皮肤有出血点，淋巴结肿大，病程长的可出现贫血，黏膜黄染。有的病例出现心悸、呼吸加快、咳嗽等。病程长短不一，严重者可出现死亡。

病理剖检，可视黏膜、浆膜黄染，肝肿大（图5-10）、有实质性炎性变化和坏死，胆汁浓稠，脾肿胀、被膜有结节、肾肿胀、出血，肺、心等发生不同程度的炎性变化。

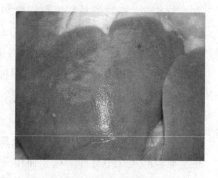

图5-10　肝部病变

（三）诊断

根据临诊症状可做出初步诊断。确诊需依靠

实验室检查，可采用直接镜检、补体结合试验、间接血凝试验、荧光抗体试验、酶联免疫吸附试验等方法进行检测。

（四）防治

采取综合性措施预防本病，注意杀灭吸血媒介昆虫，减少应激因素。用四环素族抗生素、贝尼尔等对奶牛进行药物预防。

对患病动物，可用四环素、强力霉素、土霉素、贝尼尔、咪唑苯脲等进行治疗。

第三节　牛主要寄生虫病

一、泰勒虫病

泰勒虫病以高热稽留、贫血和体表淋巴结肿大为特征（图5-11）。

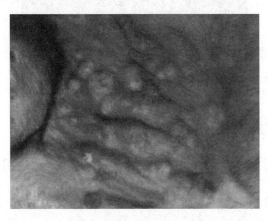

图5-11　牛体表增生性结节

（一）病原体及生活史

红细胞内的虫体，以环形虫体较多，直径 0.75~1.4 微米。在单核巨噬细胞内形成多核的虫体，即裂殖体（称为石榴体或柯赫兰氏体）。

（二）流行病学

环形泰勒虫在北方流行。本病由残缘璃眼蜱传播，主要在舍饲条件下发生。多发于 1~3 岁的牛，患过本病的牛可获得 2.5 年的免疫力。

（三）临床症状

多呈急性经过。潜伏期 14~20 天。初期高热稽留，精神沉郁。淋巴结肿大，有痛感。食欲废绝，可视黏膜、肛门周围、尾根等皮薄处有出血斑，贫血，产奶量下降。

剖检全身皮下、肌间、黏膜和浆膜上均有大量的出血点和出血斑；全身淋巴结肿大，切面多汁。皱胃黏膜肿胀，有许多溃疡病灶；脾肿大，脾髓质软呈黑色泥糊状。肾脏肿大、质软。肝脏肿大，质脆（图5-12）。

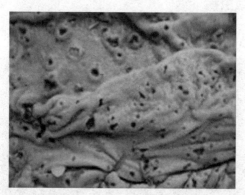

图 5-12　真胃黏膜坏死性溃疡

（四）诊断

淋巴结穿刺涂片镜检，可发现石榴体。耳静脉采血涂片镜检，可在红细胞内找到虫体。

（五）防治

1. 对症治疗

对症治疗和支持疗法包括强心、补液、止血、健胃、缓泻、输血等。

2. 药物治疗

药物同双芽巴贝斯虫病。还可用磷酸伯氨喹啉（PMQ），0.75~1.5毫克 / 千克体重，每天口服 1 次，连用 3 天。

3. 预防

残缘璃眼蜱在圈舍内的土地上产卵。3~4 月和 9~11 月用水泥等将圈舍内离地面 1 米高范围内的缝隙堵死，将蜱闷死在洞穴内。

二、牛球虫病

牛球虫病以出血性肠炎为特征，主要发生于犊牛。

（一）病原体及生活史

寄生于牛体的球虫有 14 种之多，其中致病力最强、最常见的是邱氏艾美耳球虫。牛艾美耳球虫卵囊 27.7 微米 × 20.3 微米。

牛球虫入侵小肠下段和整个大肠的上皮细胞。发育过程有子孢子、裂殖子、配子、卵囊，卵囊随粪便排出体外，经过孢子生殖阶段之后，形成感染性卵囊。牛吞食了感染性卵囊而发病。

（二）流行病学

2 岁以内的犊牛发病率高，易死亡。成年带虫牛及临床治愈的牛，不断排出卵囊。卵囊对外界环境的抵抗力特别强，在土壤中可一直存活半年以上。放牧在潮湿、多沼泽的牧场时最易发病，潮湿有利于球虫的发育。突然换料，容易诱发本病。

（三）临床症状

犊牛一般呈急性经过。病初精神沉郁，被毛松乱，粪便稀。母牛产奶量减少。约 1 周后，精神更加沉郁，喜躺卧。前胃迟缓，排带血的稀便，其中混有纤维性薄膜，有恶臭。后期，粪便呈黑色，几乎全为血液、衰弱、死亡。慢性型的病牛一般在发病后 3~5 天逐渐好转，持续腹泻和贫血，病程数月，也可能因高度贫血和消瘦而死亡。

剖检可见尸体消瘦，贫血；肛门敞开，外翻，后肢和肛门周围为血粪污染。直肠黏膜肥厚，出血；淋巴滤胞肿大突出，有白色和灰色的小病灶，直径 4~15 毫米的溃疡。直肠内容物呈褐色，带恶臭，有纤维性薄膜和黏膜碎片。肠系膜淋巴结肿大和发炎。

（四）诊断

粪便用显微镜检查，发现大量卵囊时即可确诊。

（五）防治

1. 药物治疗

（1）氨丙啉　25 毫克 / 千克体重口服，每天 1 次，连用 5 天。

（2）莫能菌素或盐霉素　按 20~30 毫克 / 千克饲料添加混饲。

2. 预防

换料要逐步过渡。也可用药物进行预防。

（1）氨丙啉　按每千克体重 5 毫克混入饲料，连用 21 天。

（2）莫能菌素　按每千克体重 1 毫克混入饲料，连用 33 天。

三、胃肠线虫病

胃肠线虫病是牛、羊等反刍动物的多发性寄生虫病，在皱胃及肠道内，经常见到的有血矛线虫（图 5-13）、仰口属线虫、食道口线虫（图 5-14）、毛首属线虫四种线虫寄生，并可引起不同程度的胃肠炎、消化机能障碍，患畜消瘦、贫血，严重者可造成

图 5-13　牛血矛线虫

畜群的大批死亡。

图 5-14　食道口线虫

（一）病原体及生活史

血矛线虫，雄虫长 10~20 毫米，雌虫长 18~30 毫米，呈细线状，寄生于宿主的皱胃及小肠。仰口属线虫，雄虫长 12~17 毫米，体末端有发达的交合伞，两根等长的交合刺，雌虫长 19~26 毫米，寄生于牛的小肠。食道口线虫，雄虫长 12~15 毫米，交合伞发达，有一对等长的交合刺，雌虫长 16~20 毫米，虫卵较大。毛首属线虫，虫体长 35~80 毫米，寄生于宿主的大肠（盲肠）内，虫体前部（占全长的2/3~4/5）呈细长毛发状，体后部粗短。

（二）流行病学

牛的各种消化道线虫均系土源性发育，不需要中间宿主参加，牛感染是由于吞食了被虫卵所污染的饲草、饲料及饮水所致，幼虫在外界的发育难以控制，从而造成了几乎所有反刍动物不同程度感染发病的状况。上述各种线虫的虫卵随粪便排出体外，在外界适宜的条件下，绝大部分种类线虫的虫卵孵化出第一期幼虫，经过两次蜕化后发育成具有感染宿主能力的第三期幼虫，被牛吞食后在消化道里经半个月发育成为幼虫，被幼虫污染的土壤和牧草是传染源，在春秋季节感染。

（三）临床症状

牛感染各种消化道线虫后，主要症状表现为消化紊乱、胃肠道发炎、腹泻、消瘦、眼结膜苍白、贫血。严重病例下颌间隙水肿，犊牛发育受阻。少数病例体温升高，呼吸、脉搏频数，心音减弱，最终可因极度衰竭发生死亡。

剖检可见皱胃黏膜水肿，小肠和盲肠有卡他性炎症，大肠可见到黄色小点状的结节或化脓性结节以及肠壁上遗留下来的一些瘢痕性斑点，大网膜、肠系膜胶样浸润，胸、腹腔有淡黄色渗出液，尸体消瘦、贫血。

实验室检查可用直接涂片法或饱和盐水漂浮法进行虫卵检查，镜检时各种线虫虫卵一般不做分类计数，当虫卵总数达到每克粪便中含300~600个时，即可诊断。

（四）防治

1.治疗

（1）噻苯咪唑　50~100毫克/（千克体重·次），口服，1日1次，连用3日。对驱除上述线虫有特效。

（2）左旋咪唑　8毫克/（千克体重·次），首次用药后再用药1次，本药也可注射，肌内或皮下注射，用量为：7.5毫克/（千克体重·次）。

2.预防

应在线虫易感地区，每年春季放牧前和秋季收牧后分别进行1次定期驱除虫卵。可用左旋咪唑肌内或皮下注射，较方便。平时注意粪便堆积发酵处理，以杀死虫卵及幼虫。保持牧场、圈舍等处环境与饮水清洁。

四、皮蝇蛆病

本病是慢性牛皮寄生虫病，在我国被列为牛的三类疫病。

（一）病原体及生活史

病原体为牛皮蝇及蚊皮蝇两种蝇的幼虫（蛆），两种蝇很相似，长13~15毫米，体表密生绒毛，呈黄绿色至深棕色，近似蜜蜂。雄蝇交配后死亡，雌蝇侵袭牛体，将卵产于牛的皮薄处（如四肢、股内侧、腹两侧）的被毛上，产卵后雌蝇死亡，虫卵经4~7天孵出第一期幼虫，并沿着毛孔钻入皮内。第二期幼虫，牛皮蝇幼虫直接向背部移行；蚊皮蝇幼虫移行到体内深部组织，然后顺着膈肌向背部移行。此时，两种蝇的第三期幼虫（蛆）寄生于背部皮下，形成瘤状凸起。然后经凸起的小孔钻出，落地变成蛹，蛹再羽化为蝇（图5~15）。

图5-15 牛皮蝇

（二）流行病学

正常年份，蚊皮蝇出现于4~6月，牛皮蝇出现于6~8月，在晴朗无风的白天侵袭牛体，并在牛毛上产卵。我国主要流行于西北、东北和内蒙古牧区，尤其是少数民族聚集的西部地区，其感染率甚高，感染强度最高达到200条/头。

（三）临床症状

雌蝇飞翔产卵时，引起牛只惊恐、喷鼻、踢蹴，甚至狂奔（俗称跑蜂），常引起流产和外伤，影响采食。幼虫钻入皮肤时引起痒痛；在深部组织移行时，造成组织损伤；当移行到背部皮下时，引起结缔组织增生、皮肤穿孔、疼痛、肿胀、流出血液或脓汁、病牛消瘦、贫血（图5-16）。当幼虫移行至中枢神经系统时，引起神经紊乱。由于幼虫能分泌毒素，可致血管壁损伤，出现呼吸急促，产奶量下降。

图 5-16　牛皮蝇幼虫

剖检时，病初在病牛的背部皮肤上，可以摸到圆形的硬节，随后可出现肿瘤样隆起，在隆起的皮肤上有小孔，小孔周围堆积着干涸的脓痂，孔内通结缔组织囊，其中有一条幼虫。实验室检查，根据剖检及发现幼虫，可以诊断。

（四）防治

1. 治疗

① 发现牛背上刚刚出现尚未穿孔的硬结时，涂擦 2% 敌百虫溶液，20 天涂 1 次。

② 对皮肤已经穿孔的幼虫，可用针刺死，或用手挤出后踩死，伤口涂碘酊。

③ 用皮蝇磷，一次内服量 100 毫克/千克体重或每日内服 15~25 毫克/千克体重，连用 6~7 日，能有效杀死各期牛皮蝇蚴。奶牛应禁止使用，肉牛屠宰上市前 10 天应停药。

④ 伊维菌素，0.2 毫克/（千克体重·次），皮下注射，7 天 1 次，

连用 2 次。

2. 预防

5~7 月，在皮蝇活跃的地方，每隔半个月向牛体喷洒 1 次 0.5% 敌百虫溶液，防止皮蝇产卵，对牛舍、运动场定期用除虫菊酯喷雾灭蝇。

11~12 月，臀部肌内注射倍硫磷 50 乳油，剂量为 0.4~0.6 毫升 /（头·次），相当于 5~7 毫升 / 千克体重，间隔 3 个月后，再用药 1 次，对一、二期幼虫杀虫率达 100%，可防止幼虫第三期成熟，达到预防的目的。

五、螨病

螨病又称疥癣病、癞皮病，是一种牛的皮肤寄生虫病。

（一）病原体及生活史

病原是螨虫，又叫疥虫，主要有两种。

1. 穿孔疥虫（疥螨）

体形呈龟性，大小为 0.2~0.5 毫米，在表皮深层钻洞，以角质层组织和淋巴液为食，在洞内发育和繁殖。

2. 吸吮疥虫（痒螨）

体形呈椭圆形，大小为 0.5~0.8 毫米，寄生于皮肤表面繁殖，吸取渗出液为食。

（二）流行病学

螨病除主要由病牛直接接触健康牛传染外，还可通过狗、猫、鼠等污染的圈舍间接传播，在秋冬和早春，拥挤、潮湿可使螨病多发。牛体不刷拭、牛舍卫生条件差都是本病流行的诱因，潜伏期 2~4 周。

（三）临床症状

引起牛体剧痒，病牛不停地啃咬患部或在其他物体上擦摩，使局部皮肤脱毛，破伤出血，甚至感染产生炎症，同时还向周围散布病原。皮肤肥厚、结痂、失去弹性，甚至形成许多皱纹、龟裂，严重时流出恶臭分泌物。病牛长期不安，影响休息，消瘦，产奶量下降，甚至影响正常繁殖（图5-17）。

图5-17　牛皮肤螨

（四）实验室检查

根据临床症状，流行病学调查等可确诊，症状不明显时，可采取健康与患部交界处的表皮部位的痂皮，检查有无虫体，给予确诊。

1. 直接检查法

将刮下的干燥皮屑，放于培养皿或黑纸上在日光下暴晒，或加温至40~50℃，经30~50分钟后，移去皮屑，用肉眼观察，可见白色虫体的移动，此法适用于体形较大的螨（如痒螨）。

2. 显微镜直接检查法

将刮下的皮屑放在载玻片上，滴加煤油，另一张载玻片，搓压玻璃，使病料散开，然后分开载玻片，置显微镜下检查。也可用10%氢氧化钠溶液、液体石蜡或50%甘油溶液滴于病料上，直接观察其活动（图5-18、图5-19）。

3. 虫体浓集法

将病料置于试管内加入10%氢氧化钠溶液，浸泡使皮屑溶解，虫体分离出来，然后自然沉淀，或以2 000转/分的速度离心沉淀5分钟，虫体即沉入管底，弃去上层液，取沉淀检查。或向沉淀中加入

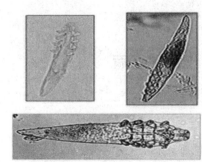
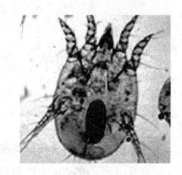

图 5-18　蠕形螨　　　　　　　　　图 5-19　疥螨

60%硫代磷酸钠溶液，直立，待虫体上浮，取表面溶液检查。

4.本病应与湿疹、秃毛癣、虱和毛虱相区别

湿疹痒觉不剧烈，且不受环境、温度影响，无传染性，皮屑内无虫体。秃毛癣患部呈圆形或椭圆形，界限明显，其上覆盖的浅黄色干痂易于剥落，痒觉不明显，镜检经 10%氢氧化钾溶液处理的毛根或皮屑，可发现癣菌的孢子或菌丝。虱和毛虱所致的症状有时与螨病相似，但皮肤炎症、落屑及形成痂皮程度较轻，容易发现虱与虱卵，病料中找不到螨虫。

（五）防治

1.治疗

（1）可选用伊维菌素（害获灭）或阿维菌素（虫克星）　此类药物不仅对螨病，而且对其他的节肢动物疾病和大部分线虫病均有良好的疗效，剂量按每千克体重 0.2 毫克，口服或皮下注射。

（2）溴氢菊酯（倍特）　剂量按每千克体重 500 毫克，喷淋。双甲脒，剂量按每千克体重 500 毫克涂擦。

（3）对于数量多的牛应进行药浴　在气候温暖的季节，可选用0.05%辛硫磷乳油水溶液、0.05%双甲脒溶液等。

2.预防

流行地区每年定期药浴，可取得预防与治疗的目的，加强检疫工作，对引进的牛隔离检查。保持牛舍卫生、干燥和通风，定期清扫和消毒。

第四节　营养代谢性疾病

一、酮病

酮病是由于糖、脂肪代谢障碍致使血液中糖含量减少，而血液中酮体含量异常增多，在临床上以消化机能障碍（消化型）和神经系统紊乱（神经型）为特征的营养代谢性疾病。但有的在临床上不显示任何症状，对只是血液中酮体含量增多的酮血病，尿液中酮体含量增多的酮尿病或奶汁中酮体含量增多的酮乳症等，统称为亚临床酮病。

近 20 年来，随着世界性奶牛饲养业的大发展，使奶产量大幅提高（提高 25% 左右），从而使本病发病率有逐年升高的趋势，如美国每年间约有 100 万头奶牛（约占总奶牛头数的 4%）按酮病接受治疗，日本也将酮病列为奶牛的主要营养代谢性疾病之一。这些年来，随着我国牛业的兴建和发展，本病发生普及全国各地，是当前危害奶牛健康和生产性能的营养代谢病之一。本病已成为世界性疾病，尤其多发生在高度集约化畜牧业国家的舍饲为主的奶牛群。其发病率差异较大，这在很大程度上取决于各个国家和地区的地理环境、饲养管理方式、营养状态等。在日本的平均发病率高达 43.1%，死亡率为 0.4%。看来，本病虽然死亡率不高，但发病率较高，使奶产量明显减少（近 50% 减产），抵抗力降低，饲料报酬率也降低等，造成畜牧业生产上的经济损失还是严重的，应引起对本病的足够重视。

（一）病因

本病的发生，固然在营养优良、泌乳性能高的奶牛群中有着多发病的趋势，其病因也是多方面的，其中血糖（包括肝糖原在内）代谢负平衡而导致发病是其最根本原因。通常按其发病病因的不同，则分为原发性和继发性酮病两大类型。

1.原发性酮病病因

（1）营养（主要是糖类）的不足　其原因不外乎在日粮中的精料与粗料搭配比例不合理，如一种是精料，特别是蛋白饲料较多的日粮（高蛋白、低能量的饲料）饲喂过多；而粗料，特别是含碳水化合物饲料饲喂不足。另一种蛋白和脂肪含量较少的日粮（低蛋白、低能量饲料）饲喂过少，而碳水化合物饲料也饲喂不足等，加上随着泌乳量急剧增多更会加剧营养物质的缺乏或不足，动物机体为了满足能量需要，则动员蓄积机体内脂肪并加强氧化分解过程，其中间代谢产物如乙酰乙酸，羟丁酸和丙酮等酮体含量增多而发病。前一种组成的日粮饲喂时所发生的酮病称为特发性酮病，而后一种组成日粮饲喂时所发生的酮病称为营养性（消耗性）酮病。

（2）瘤胃黏膜代谢机能障碍　反刍动物的营养物质消化生理特征之一是瘤胃内发酵（瘤胃消化）。在瘤胃内发酵过程中可产生大量挥发性脂肪酸，通过瘤胃壁上皮细胞吸收其中乙酸和丁酸而使之转变为羟丁酸等酮体。瘤胃内发酵产生的挥发性脂肪酸比例越大，血液中酮体含量相应地增多。尤其是在饲喂含丁酸青贮饲料过程中，更易构成所谓食饵性酮病病因。

（3）乳腺合成乳脂机能障碍　根据本病多发生在高产性能奶牛的泌乳开始后 8 个月以内的情况，查其病因是乳腺组织由乙酸参与乳脂合成过程中氧化还原机能紊乱，甚至在乳腺中由磷酸戊糖途径生成葡萄糖 $-6-$ 磷酸，并供给乳脂合成过程中必需还原型辅酶 II 缺乏，自发产生过多的乙酰乙酸等酮体，同时诱发低血糖症，即构成乳房性酮病病因。

（4）肝脏生酮与肝外组织酮体代谢平衡紊乱　通常，奶牛在妊娠后期到泌乳高峰阶段时，肝多发生脂肪肝，同时肝糖原含量也明显减少，从而使游离脂肪酸酯化过程减弱，$\beta-$氧化过程增强，产生大量酮体，当超过肝外组织酮体代谢分解能力时，则成为发生酮病病因。

（5）内分泌机能障碍　内分泌机能系指脑垂体—肾上腺和胰腺等分泌机能障碍。当奶牛处于妊娠、分娩后泌乳期间作为应激过程，使脑垂体—肾上腺分泌机能降低，即激素分泌量减少。在酮病病牛尿液中

的糖皮质激素排泄量往往仅为健康奶牛的半数以下。正由于糖皮质激素缺少，而影响瘤胃黏膜上皮细胞对丙酸的吸收以及对糖原利用，致使血糖含量减少，即出现低血糖症。又当肥胖奶牛在分娩后血液中胰岛素含量明显减少（胰腺分泌机能障碍必然结果），这就使脂肪酸氧化过程增强，生成大量乙酰辅酶A，其结果使血液中酮体含量增多，则均可诱发酮病。

2.继发性酮病病因

当真胃变位、创伤性网胃炎、子宫内膜炎及产后瘫痪等疾病，加上日粮急剧改变以及各种应激作用等，与此相应地出现瘤胃内微生物群的改变，导致瘤胃内异常发酵，便构成继发性酮病病因。有的奶牛还伴发低钙血症、低磷血症或低镁血症等疾病，也与继发性酮病发生有一定关系。

（二）发病机理

本病的发生原因、病理生理和生化学等方面，经过多年来的研究，曾对其发病机理提出许多不同的学说。大体上可分为营养代谢机能障碍和内分泌机能障碍两种学说。前者包括营养物质缺乏或不足（即草酰乙酸缺乏）、辅酶因子缺乏、乳腺合成乳脂机能障碍和瘤胃黏膜代谢机能障碍学说等；后者包括脑垂体—肾上腺分泌机能障碍和胰腺分泌机能不全学说等。现就前一种学说中的营养物质缺乏或不足学说（因其具有代表性），简述如下。

营养物质缺乏或不足（草酰乙酸缺乏）学说，以奶牛而论，营养生理学特征之一是血糖来源和去路与单胃动物不同。奶牛血糖来源由消化道吸收的极少，主要通过肝脏由生糖物质——丙酸、氨基酸、乳酸和甘油等的糖异生作用，得以用来维持血糖动态平衡。若按葡萄糖代谢速率为5毫克/千克体重计算，体重600千克奶牛，其糖异生总量可达3 000克，其中的50%~60%是来自消化道吸收的丙酸；20%~30%是来自蛋白质分解的氨基酸（生糖氨基酸）；5%~10%是来自肌糖原的乳酸，以及2%~5%是来自脂质分解的甘油。至于血糖去路，仅以乳腺分泌乳糖为例，非妊娠奶牛（即干乳奶牛）的葡萄糖代谢速率为2~3毫克/千克体重，其代谢值与人、犬和鼠类的相近似。但泌乳奶牛，其葡萄糖代谢速率则提高 3.5～5.5 毫克/千克体重，若每分泌 18 千克奶中，其含量相当于 1 000 克葡萄糖的乳糖量。此外，牛肝脏又是生酮的重要器官之一。肝脏具有动员脂肪组织中蓄积脂肪，使之氧化生成血液中游离脂肪酸功能（肝脏蓄积量与氧化生成血液中游离脂肪酸量呈正相关）。其氧化程序是在脂酰基辅酶 A 的合成酶催化下，生成脂酰基辅酶 A 后，除酯化为甘油三酯和磷脂外，更为主要的是经过 β-氧化过程而生成二碳化合物——乙酰辅酶 A。其中部分与草酰乙酸等分子量结合进入三羧（酸）循环；又其中部分生成酮体。酮体生成是以脂酰基辅酶 A 为基质，经 β-氧化过程直接产生；也可由二分子乙酰辅酶 A 的缩合后产生，即乙酰辅酶 A 除通过脱酰酶催化脱酰基生成的乙酰乙酸外，还可经过乙酰乙酸辅酶 A 和乙酰辅酶 A 的缩合后，则在 β-羟-β-甲基戊二（酸单）酰辅酶 A 合成酶催化下形成 β-羟-β-甲基戊二（酸单）酰辅酶 A。然后再在其裂解酶催化下，裂解为乙酰乙酸和游离乙酰辅酶 A。乙酰乙酸在 β-羟丁酸脱氢酶催化下，生成 β-羟丁酸，而乙酰乙酸又在脱羧酶催化下脱羧基，生成丙酮。

　　肝脏虽具有强大的活性酶，使长链脂肪酸分裂成较易被其他组织用来供能的酮体，如使乙酰辅酶 A 生成乙酰乙酸等。但肝脏却无辅酶 A 转移酶等氧化乙酰乙酸能力，所以说肝脏只是单纯生成酮体的脏器。其酮体必须进入血液循环输送到具有氧化酮体硫解酶的肝脏以外组织——心、肾、肌肉和脑等脏器组织中去，在硫解酶催化下，将缩合的乙酰乙酸辅酶 A 经氧化分解为二分子乙酰辅酶 A 后进入三羧（酸）循环供能。但肝脏以外组织不能由脂肪酸生成酮体。通常，肝脏生成的酮体速率与肝脏以外组织——心、肾、肌肉和脑等组织氧化分解酮体速率是处于动态平衡状态。每当奶牛受到上述的各种致病病因影响，特别是在营养缺乏性饥饿状态下，加上妊娠后期到分娩过后的泌乳盛期，作为能量的糖成分需要量急剧增大，发生奶牛机体内糖代谢负平衡——低血糖症。与此相应地是脂酰（基）辅酶 A 氧化率升高，即乙酰辅酶 A 生成量增多；另一方面是由肝细胞线粒体内生成并供应的葡萄糖先质—草酰乙酸不足或缺乏，则大量乙酰辅酶 A 不能进入三羧（酸）循环，结果使

其在肝脏内过多蓄积，最终分解生成大量的乙酰乙酸，再生成 β‑羟丁酸等。肝脏生成酮体过多已达到肝脏以外组织氧化、利用酮体的能力极限值以上时，便破坏酮体生成与氧化、利用之间动态平衡，则致使酮病发生。

（三）症状

现按中村氏的临床症状分型，即消化型、神经型、乳热型（产后瘫痪型）和继发型酮病的各自症状分述如下。

1. 消化型酮病的症状

本型占酮病病牛中的比例最大，且多在分娩后几天乃至数周以内，尤其是挤奶次数过多或泌乳盛期期间的奶牛，更有多发病的趋势。其临床症状主要是病牛精神沉郁，食欲反常，初期仅拒食精料，尚能吃些粗料，等到后期连青、干草也拒不采食，甚至也不饮水。病之初期泌乳量急剧增多，在较短期间又急速下降（一般减少到正常泌乳量的一半），随着病情的发展，泌乳机能中止。即便病牛恢复健康后，产奶量也达不到病前应有的水平。体重减轻，消瘦明显，脱水症状严重，皮肤弹性丧失，被毛粗刚、无光泽，眼窝下陷，病牛仁立取拱腰姿势，垂头、半闭眼，有时眼睑痉挛，步态踉跄，多易摔倒。排粪停滞（便秘），有的排出呈球状的少量干粪，外附有黏液；有的排出软便，较大。呼出气和挤出乳汁散发丙酮气味。体温一般无大变化，有的病牛出现体温偏低，只有伴发或继发性感染的病牛，体温才升高。瘤胃蠕动减弱或停止，反刍、嗳气也发生紊乱。瘤胃物黏稠度降低，只存活大型纤毛虫。

2. 神经型酮病的症状

本型在酮病中占的比例较小。多在分娩后 3~10 天以内发病，病情与消化型的相比较多为严重。临床症呈现消化型酮病的症状外，其主要的是从口角流有混杂泡沫液，兴奋不安，狂暴，摇头，呻吟，磨牙（空嚼），眼球震荡，及胸部肌肉群不时地发生抽搐（发作 1 次历时 1~2 小时，间隔 2 小时再发作），时不时做圆圈运动，或前奔或后退，并向墙壁或物体冲撞；有的以屈曲前肢爬行，后躯呈不全性麻痹，步样和共济失调等脑炎症状（这是由于瘤胃内的乙酰乙酸分解而产生的异丙醇吸收后对脑神经刺激作用的结果）。同时，神经组织紊乱与血糖含量降低似乎也有关系。

3. 乳热型（产后瘫痪型）酮病的症状

在分娩后 10 天内发病的多见。其临床症状大体上与乳热症状极为相似，并有泌乳量降低和体重减轻趋势。饮、食欲大减，肌肉乏力，不时发生痉挛，对外界刺激反应较敏感，不能站立多被迫横卧地上，姿势以头屈曲放置肩胛部呈昏睡状，应用钙制剂静脉注射也多无效果。

4. 继发型酮病的症状

在临床上多被原发性疾病的主要症状，胃弛缓、真胃炎、真胃变位、乳房炎和子宫内膜炎等各自症状所掩盖。其症状不外乎精神沉郁，食欲减退或废绝，反刍和瘤胃蠕动机能紊乱，以及泌乳量大减等。重型病牛多伴发神经症状。

（四）实验室检验

包括血液、尿液和乳汁中有关成分等变化。

1. 血液检验

（1）血酮含量变化　原发性酮病病牛的酮体含量增多达 30~110 毫克/100 毫升，其中以丙酮和乙酸含量增多显著；继发性酮病病牛的虽有所增多，但很少超过 50 毫克/100 毫升以上（健康奶牛血液中的酮体含量为 2.9~10.9 毫克/100 毫升）。

（2）血糖含量变化　健康奶牛的血糖含量为 40~93 毫克/100 毫升。酮病病牛的含量一般减少为 18~40 毫克/100 毫升。但继发性酮病病牛的不低于 40 毫克/100 毫升，甚至还有的增多。奶牛在分娩前血糖含量增多，分娩后血糖含量减少，但血酮含量却伴随增多（20~30 毫克/100 毫升以上），这是酮病的典型特征性变化。

（3）血清游离脂肪酸含量变化　血清游离脂肪酸含量测定，可作为了解奶牛机体动用脂肪的指标。健康奶牛从分娩前其含量就有增多，直到分娩后 3 天达到最高值，以后逐渐使含量减少。但酮病病牛的血清游离脂肪酸含量增多到 20~50 毫克/100 毫升以上，尤其是肥胖奶牛发生酮病后可持续地增多到上述水平或以上（健康奶牛的血清游离脂肪酸含

量为 10 毫克 /100 毫升)。

（4）血钙、血镁和血磷含量变化　酮病病牛血清中镁含量明显减少，血钙、血磷含量也都有所减少。

（5）血清酶活性变化　酮病病牛血清中异柠檬酸脱氢酶、乳酸脱氢酶活性与血液中酮体含量呈平行地升高。当伴发脂肪肝和肝炎的酮病病牛，其血清谷草转氨酶和山梨醇脱氢酶或 γ- 谷氨酰转肽酶等活性升高。

2. 尿液检验

酮病病牛的尿液中酮体含量增多到 70~130 毫克 /100 毫升（其幅度是与各种因素影响有关，与血液中的酮体含量不一定呈平行关系）。健康奶牛尿液中酮体含量为 0.3~3 毫克 /100 毫升，高的也不过在 10 毫克 /100 毫升以下。

3. 乳汁检验

乳汁中酮体含量应与血液中酮体含量相一致，但与泌乳量和乳区的划分上不同，则有所差异。健康奶牛的乳汁酮体含量在 3 毫克 /100 毫升以下。其含量增多到 10 毫克 /100 毫升以上时，可疑似酮病存在。酮病病牛乳汁酮体含量平均为 40 毫克 /100 毫升。

（五）病理变化

酮病病牛剖检可见：肝脏、肾脏病变最为突出，肝糖原含量减少、甚至消失。肾上腺肿大，肾脂肪变性、浸润。垂体前叶的 β- 细胞增多并空泡化，同时，垂体前叶、胸腺、淋巴结和胰脏等均有退行性变化。

（六）诊断

根据本病的临床症状，如泌乳性能急剧降低、食欲改变、消瘦和神经症状，结合发病病史以及血液、尿液中酮体含量增多、血糖含量减少的测定结果，不难做出病性诊断。当应用糖类和糖皮质激素制剂治疗时，则使血液中酮体含量减少的酮病，通称为临床酮病或特发性酮病，均属原发性酮病。在类症鉴别诊断方面，应注意与亚临床酮病、继发性酮病区别。前者除有饲养上能量代谢负平衡史外，多在分娩后 40 天以内发病；血液中酮体含量在 10~20 毫克 /100 毫升，在乳汁中酮体含量不超过 15 毫克 /100 毫升等；后者查清原发性疾病——创伤性网胃炎、真胃炎、产后瘫痪、子宫内膜乳房炎等各种病性。因为上述的各种疾病对奶牛特别是分娩过后的奶牛，均可构成应激反应而继发酮病。当应用糖类和糖皮质激素制剂进行治疗时，并不见血液中酮体含量减少的，则属继发性酮病。至于与乳热的区别，酮病病牛瞳孔反应呈阳性，而乳热则无，当应用酮病的治疗措施后也多无疗效。

（七）病程及预后

原发性酮病的病程较短，预后多良好，尤其是轻型酮病病牛，在改善饲养管理基础上，可随着泌乳量减少而自愈。然而在诊断不及时，治疗上又失当的情况下，可使之转为慢性，甚至转变为重型酮病，往往使病牛陷于严重消瘦或神经症状等，结局也会死亡。继发性酮病的病程及预后，多取决于原发性疾病病性和病势，如创伤性网胃炎（包括创伤性心包炎）病程或长或短，预后多数死亡或被迫淘汰。

（八）治疗

针对酮病病因和性质进行药物疗法。

1. 葡萄糖溶液口服或静脉注射

当病牛处于泌乳盛期，补糖剂量不应少于 1 000 克 / 天。此外，还可用丙酸钠、丙二醇、丙三醇（甘油）、醋酸钠、乳酸钠等生糖物质，促使糖异生作用以补充糖源，可收到较好效果。

2. 激素疗法

为了调整内分泌机能，应用促肾上腺皮质激素，氢化泼尼松或地塞米松等制剂，可促使蛋白、脂质等营养物质代谢过程，起着加强糖异生作用。通常，若与葡萄糖溶液并用，其疗效更为理想。

3. 维生素制剂疗法

由于维生素 A 能促使肾上腺皮质激素的分泌；维生素 C、维生素 E 起着抗氧化剂作用，并有垂体前叶细胞复活作用，可收到一定辅助效果。

4. 其他

针对脂肪肝和肝功能降低等病性，可酌情应用蛋氨酸、氯化胆碱等，若有神经症状的，应用水含氯醛或氯丙嗪等药物治疗。

（九）预防

首先应着重于标准饲养，饲喂足够蛋白、能量和微量元素等全价日粮，尤其要根据分娩，泌乳期的奶牛体态情况，既不使其可消化总养分、可消化粗蛋白不足，陷于营养不良，也不宜过多使之过于肥胖。对处于干奶期奶牛更要注意。对妊娠后期奶牛除应限制挤奶次数，还应饲喂优质牧草，避免饲喂发酵青贮。分娩前后阶段，还要应用丙酸钠、糖浆等混饲，并适当混喂乳酸杆菌添加剂和注射肾上腺皮质激素制剂，这对预防酮病，特别是对有酮病发病史的奶牛群更有意义。

（十）酮病的治疗

1. 糖类

25%~50% 葡萄糖 500~1 000 毫升静脉注射，糖蜜 500~2 500 克口服。

2. 有机酸类

丙三醇 200~300 克口服、5% 丙酸钠 100~500 毫升口服、乳酸钠（钙）口服、20% 葡萄糖酸钙 200~500 毫升静脉注射、醋酸钠口服。

3. 肾上腺皮质激素类

醋酸可的松 0.5~1.5 克肌内注射、10% 氢化可的松 60~100 毫克口服、强的松龙 100 毫克静脉注射、地塞米松 10~20 毫克肌内注射、氟羟脱氢、皮质醇 30 毫克肌内注射。

4. 维生素及其他类

蛋氨酸 0.5~2 克静脉肌内注射、维生素 C 1~2 克 / 日、维生素 E 5 000~7 500 单位、维生素 B_2、维生素 B_6 100 毫克、水合氯醛 3~6 克 /100 千克口服、25% 硫酸镁 200~250 毫升静脉注射、瘤胃液接种 4~6 升口服。

二、牛妊娠毒血症

牛妊娠毒血症也称肥胖母牛综合征、牛的脂肪肝和肥胖牛的酮病。其发生原因是由于干奶期母牛能量过高，牛只变肥而引起的消化、代谢、生殖等机能紊乱的综合表现。临床以食欲废绝，进行性衰弱，酮病，乳热，乳房炎和卧地不起为特征，剖检见肝、肾严重的脂肪变性。

牛妊娠毒血症是母牛的一种发病急、病程短、死亡率高的营养代谢障碍疾病。本病发生特点是：病牛在某些场内易发，单个出现，散发；各胎次牛都有发病，以胎次低的发病多、多发于营养良好、3~6 胎的高产牛；一年四季都有发病，以冬春较多；病随分娩开始，产后 7 天内发病占 81.6%；病程较长，6 天后死亡或淘汰的占 74%；产量越高的牛发病越多。

（一）病因

一般认为因饲养管理不当引起。特别是在干奶期饲养失误所致。表现为干奶期日粮中能量、蛋白质水平过高，妊娠期过多饲喂精料尤其是富含碳水化合物的饲料引起脂肪代谢障碍而造成机体过肥，超过了实际需要量。造成日粮中营养水平过高，精饲料喂量过大的原因有以下几点。

① 高产牛场，饲料条件优越，精饲料丰富、质量好，除此，糟粕类饲料多，因此，日粮中精料、糟粕类饲喂量大。

② 粗饲料缺乏，常年缺少干草，且饲料单纯，品种少，日粮中常以精料来补充粗饲的不足，故日粮中加大了精料喂量。

③ 干奶期的母牛如何饲喂，精料喂多少合理，尚无一定标准。在牛场中，普遍存在着干奶牛肥胖就能高产，以肥胖程度来作为判断干奶牛健康标准的现象，故饲养时，有加料催膘，以膘促乳而使精料喂量增大。

④ 干奶牛混群饲养，精料量不易控制，致使干奶牛抢吃了泌乳牛的精料。

（二）发病机理

干奶期日粮中精料喂量过多，能量供应量大于能量需要量，则过多能量必将以脂肪形式贮存体内，母牛变为肥胖牛。

妊娠初期，由于胎儿生长发育旺盛，母牛食欲增加，如果此时饲喂不当，过多地饲喂碳水化合物饲料，则多余的可消化总养分便转化为脂肪，导致进行性过肥。过肥的体组织内的脂肪数量并未增加，只是体积肥大而已。肥大的细胞对胰岛素的感受率减低，使糖的利用率减少，同时使传入饱腹中枢（VM）的信号相应减弱，因此，食欲仍保持亢进，肥胖更为明显。

妊娠后期，随着胎儿迅速发育以及为以后泌乳准备而贮备能量，母牛食欲更为旺盛，摄入的食物更多，脂肪的积聚现象更为严重。但当组织内贮存大量脂肪，怀孕子宫体积急剧增大时，瘤胃受到一定的挤压，进食量因此受到限制导致分娩前期，摄入的能量明显降低，母牛处在严重的能量代谢负平衡状态，为调整此情况而使之处于平衡状态，母体不得不动员体内贮存的能量包括脂肪、糖原、肌蛋白等，其中包括心肌细胞中的氨基酸。

肥胖母牛，产前瘤胃消化机能减弱，产后也不能迅速恢复正常的采食量，致使摄入的能量降低，机体为了维护正常的生理功能，必将引起体内脂肪库的游离脂肪酸被动员到肝中去的速度加快，血液中游离脂肪酸浓度升高，导致肝脏合成脂肪作用增加，结果脂肪在肝细胞中蓄积。肝糖原的减少，游离脂肪酸的增多，甘油三酯的减少，是脂肪肝形成的主要原因。当大量游离脂肪酸浸润至肌细胞间隙时，可引起骨骼肌和平滑肌群的运动功能障碍，诱发站立困难、真胃变位、胎衣不下等症状。血中游离脂肪酸含量增多，促使钙离子向脂肪细胞的转移，加致脂肪肝对维生素D代谢的直接影响，促使低血钙的发生，母牛出现瘫痪。脂肪肝影响雌激素、孕酮的代谢，导致母牛繁殖障碍，表现出受胎率降低或不孕症。正常肝细胞内具有合成脱辅基的能力，肝脂肪变性后，其合成蛋白质功能受阻，使肝脏排出甘油三酯功能障碍。肝实质结构变性，其氧化脂肪酸的能力减弱，从而引起酮病和低血糖，母牛呈现出消化机能障碍和神经症状。

据报道，分娩后 1~8 周内，患有严重脂肪肝的奶牛其肌纤维面积约损失 26%，而非脂肪肝奶牛只损失 20%。更为严重的是脂肪组织(TG) 急剧地分解为游离脂肪酸 (FFA)。当浸润于肝实质细胞后，使承担体内各种蛋白质合成的肝脏小胞体的机能发生障碍，同时可直接影响糖原的合成及酮体的生成，因此可引起低糖血症及临床型酮病。同时，镁离子还可能与游离脂肪酸形成螯合物而出现低镁血症。

（三）症状

常见于产犊前 1~3 天或产后数天内发病。早期，出现厌食精料，仅采食少量干草或多汁饲料。反刍无力或废绝。瘤胃蠕动弱而短，1~2次 /2 分。体温偏高，38.7~39.8℃。精神明显沉郁，喜卧地。尿少偏黄，粪便少而带有黄色的黏液。呼吸快、浅表而弱。尿酮体测定为阳性(+~+++)。随病程发展，可视黏膜淡白或轻度黄染。粪便稀少，并伴有酸臭味。后期，食欲废绝，嗜睡，磨牙，呻吟，驱赶站立不稳，局部肌群震颤，部分病牛死前出现兴奋不安，啃咬栏杆等肝性脑病症状。病程一般为 5~9 天。

分娩而表现症状者，病牛精神沉郁，食欲废绝，瘤胃蠕动产乳少或无乳。可视黏膜黄染，体温升高达 39.5~40.5℃，目光呆滞，步态强拘，对外反应微弱。伴拉稀者，粪呈黄色、恶臭、稀粥样。对药物无反应，多于 2~3 天卧地不起或死亡。分娩 3 天发病者，主要呈现为酮病。食欲降低或废绝，奶产量骤减或无乳，粪少而干，尿液有酮味，酮体反应阳性，尿 pH 值 6.0，消瘦明显，病程延绵，尚伴有乳房炎、胎衣不下。乳房肿胀，乳汁呈稀薄黄汤或脓样，子宫弛缓，产道内蓄积多量褐色、腐臭味恶露。药物治疗无效，后期卧地不起，呻吟、磨牙。

（四）病理变化

皮下脂肪丰润，可视黏膜黄染，网膜、肾周围脂肪沉着。前胃、真胃黏膜脱落、溃烂，肠道有不同程度的充血、出血。肝脏肿大，色呈土黄色、质脆，切面外翻，似油状（图 5-20）肝小块于水中漂浮，镜检见肝索细胞内有大小不等的空泡，细胞核被挤于一边，肝小叶、窦状隙因空泡集聚而结构不清，肝似"鱼网状"。肾肿大、质脆，色呈灰黄色，镜检见肾曲细管失去固有形态结构，细胞内有空泡，核被挤于细胞一边，因空泡融合，故管腔形态消失。心冠状沟脂肪丰润，心肌质软，色如熟肉样，镜检见少量肌纤维疏松，横纹不清，肌纤维内、肌纤维间有多量空泡。脑膜充血，脑回间血管清楚。子宫收缩不全，内有子叶和褐色、腐臭恶露。膀胱充血，乳房炎。

图 5-20　肝脏肿大、土黄色、切面油状

（五）诊断

主要依靠临床表现及肝功能检查来进行诊断，但未有可靠的依据。根据流行病学、临床症状及对药物反应等，可初步确诊。由于母牛很多产后疾病都表现出食欲废绝、酮病和卧地不起症状，因此，临床上应进行类症鉴别。

1. 与爬卧母牛综合征鉴别

爬卧母牛综合征表现有酮尿和卧地不起，但食欲正常，机敏性增高，爬行和卧地呈"蛙式"等，这都为牛妊娠毒血症所不具有。

2. 与皱胃左方变位鉴别

皱胃左方变位时也有酮病，但食欲废绝是逐渐出现的，腹部缩小，粪少呈糊状，左侧腹下能听到皱胃内气体通过液面而发出的叮呤声、钢管音。真胃穿刺内容物呈棕色，具酸臭味。

3. 与瘤胃酸中毒鉴别

瘤胃酸中毒也见食欲废绝，卧地不起，但病程短，病情重，脱水和休克为妊娠毒血症所没有。

4. 与酮病鉴别

酮病因血中酮体含量增高和低血糖为其特征，故与妊娠毒血症不易区分。但从发病时间、典型症状及药物疗效等不同，可以区别。酮病通常发生于产后半月及产奶高峰时，除消化型食欲废绝外，还有神经症状如兴奋、狂暴，用葡萄糖、钙制剂治疗，都能收到较好效果。

（六）治疗

本病发生后，预后一般不良。药物治疗的目的是抑制脂肪分解，加速脂类的利用，减少脂肪酸在肝脏中的蓄积。补糖是主要治疗方法。因为肝糖是机体重要的能量来源之一，具有阻止体内脂肪组织的分解和促使脂肪酸氧化，促使体内酮体减少，维持正常乳产量等功能，因此，对伴有肝功能障碍的高产奶牛可用葡萄糖治疗，也可预防脂肪肝的发生。具体方法如下。

① 对肥胖的病牛，在产犊前、后各 7 天内，连续每天用 50% 葡萄糖注射液 500~1 000 毫升，静脉注射，以控制脂肪分解。

② 对伴有酮病的病牛，可配合每天应用 5% 木糖醇溶液 2 000 毫升，静脉注射。有快速发挥升糖和降酮体的作用。

③ 50% 粗制氯化胆碱粉 50~60 克，每次口服一次，从预产前 20 天开始，直至产犊后停止，可促使脂肪酸氧化和脂蛋白的合成，但不宜和钙剂并用，或用生理盐水配成 10% 注射液 250 毫升，皮下注射，每日一次。

④ 50% 右旋糖酐注射液，初次用量 1 500 毫升，1 次静脉注射，以后改为 500 毫升，每天 2~3 次静脉注射。

⑤ 丙二醇 117~342 克或丙酸钠 114~228 克，每天 2 次内服。

⑥ 胰岛素 200~300 单位，每天 2 次皮下注射。以加强葡萄糖的外周利用。

对症治疗，当体温升高或为防止继发感染，可用金霉素、四环素，剂量为 200 万~250 万单位，1 次静脉注射，每天注射 2 次。为防止氮血症，可用 5% 碳酸氢钠液 500~1000 毫升，1 次静脉注射。为增进食欲，改善瘤胃机能，可灌服健康牛瘤胃液 5~10 升；硫酸镁 300~500克，加水灌服，连服 3 天。

（七）预防

牛妊娠毒血症是干奶期营养失调而于分娩后急性发作的疾病，迄今，尚无有效方法使已形成的脂肪肝机能得以恢复，死亡率高，经济损失严重，因此，预防是关键。

（1）合理饲养，防止干奶母牛肥胖　日粮供给应按机体需要，控制精料喂量，保证充足的干草。

（2）根据母牛生理状况、体况，分组管理　干奶母牛单独饲喂，过于肥胖母牛应喂优质干草，补给含钴、碘食盐及矿物质，加强运动。

（3）加强配种工作　发情观察要细，不漏掉发情牛，及时输精，提高受胎率，防止空怀期延长，干奶期过长而使母牛肥胖。

（4）加强对围产期母牛的监护　经常观察母牛食欲、精神及全身状况，异常者，应及时诊断并迅速治疗，促进机体尽早康复。为了能提高机体体质，提高食欲，维持血糖、血钙浓度，促进糖原异生和减少对贮存脂肪的动员，可采用以下方法。

① 25% 葡萄糖溶液、20% 葡萄糖酸钙溶液各 500 毫升，产前 5 天开始静脉注射，每天 1 次，直到产后母牛食欲正常为止。

② 丙二醇 200 克或丙酸钠 125 克，产前 6 天饲喂，每天 1 次，连续饲喂 15~20 天。

三、青草搐搦

青草搐搦，又称青草蹒跚、泌乳搐搦、低镁血性搐搦和低镁血症等。本病是指母牛由采食牧草等多种原因引起血液中镁（毫克）含量减少，临床上以呈现兴奋、痉挛等神经症状为特征的矿物质代谢性疾病。本病多发生于人工草场（过多施用氮、钾肥料）上放牧的牛群，在天然草场上放牧的牛群极少发生。本病属世界性疾病之一，多数地区发病率占 1%~2%，少数地区可达 20% 左右，死亡率高达 70% 以上。

（一）病因

其病因是多种能使血镁含量减少的因素。通过多年来的研究，已累积大量数据和资料，现已确认本病是由于极为复杂的无机物代谢异常，特别是镁代谢障碍所引起的。现就本病发生的具体原因分述如下。

1. 土壤中镁缺乏和钾（K）过多

涉及本病病因的土壤可分为镁含量较低或缺乏和钾含量过多的两大类型。前者是由花岗岩、火山灰等酸性土壤自身或气候，以及人为条件等使土壤中镁缺乏或镁溶解流失，导致镁含量减少；后者是由于草场（人工草场）施用钾肥料过多而使土壤中钾含量增多，这时即使土壤中镁含量多，也会由于钾和镁离子的拮抗作用而阻碍植物对镁吸收，结果生长出缺镁或镁含量过少饲草饲料，这是低镁血症发生的主要原因所在。

2. 发病季节与天气因素

本病在低温（8~15℃）、多雨的初春和秋季，尤其在早春牧草生长繁茂期，放牧开始 2~3 周内发病较多。原因在寒冷、多雨和大风等天气条件影响下，或使牛发生应激反应（表现在瘤胃和蜂巢胃对镁的吸收），或使生长牧草吸收镁受到阻碍，或使泌乳母牛甲状腺功能亢进导致镁消耗量加大等，结果使低镁血症发病率升高。

3. 牧草中矿物质（化学成分）含量不平衡

青草搐搦的发生与牧草的化学成分有密切关系。牧草中镁含量占其干物质的 0.2% 以下时，氮和钾含量显著增多；牧草中 K/（Ca+Mg）摩尔比在 1.8 以上时易发青草搐搦。在氮（N）含量过多的草场上放牧的牛群，其瘤胃内便产生大量氨（40~60 毫克 /100 毫升），结果氨与磷、镁结合成不溶性磷酸铵镁，阻碍对镁的吸收。同时，采食氮含量过多的牧草可诱发牛群下痢，也影响消化道对镁的吸收，导致血镁含量减少。

在牧草中钾含量过多的草场上放牧牛群，其钾离子可使机体肌肉和神经的兴奋性提高，而镁离子则刚好相反。青草搐搦发生时，血液中镁、钙和氢离子（H^+）的含量减少，钾的含量增多，故神经对刺激的反应性升高，呈现兴奋和痉挛等症状。

牧草中有机酸（枸橼酸和反乌头酸）含量增多时，与镁结合阻碍镁的有效利用，也成为低镁血症的原因。

4. 品种、年龄和泌乳因素

据资料分析，在奶牛、肉牛品种之间的发病无差异，但3岁以上，分娩70天以内的带犊母牛发病率较高。这是由于放牧后10~17天的带犊泌乳母牛血镁含量减少的缘故，尤其是7~8岁的奶牛，其血镁含量减少更为显著。妊娠母牛在分娩前由于妊娠而镁消耗量增大，在分娩后又由于大量泌乳使镁消耗更大，加上瘤胃内氨产生过多等致使对镁的吸收不充分，而导致血镁含量减少。

（二）症状

本病在临床上以低镁血性痉挛为特征性症状，所以，与神经型酮病、乳热等病的临床症状极为相似。本病的前驱症状是在发病前1~2天呈现食欲不振，精神不安、兴奋等类似发情表现。有的精神沉郁，呆立，步样强拘，后躯摇晃等。

1. 急性

在正常采食中突然抬头鸣叫，盲目地乱走，随后倒地，发生间歇性肌肉痉挛，在历时2~3小时的反复发作过程中，导致呼吸中枢衰竭而死亡。

2. 亚急性

精神沉郁，步态跟跄。随之呈现感觉过敏、不安和兴奋，全身肌肉震颤、搐搦，眼瞬膜露出，牙关紧闭或磨牙（空嚼），耳、尾和四肢肌肉强直，以及全身呈现间歇性和强直性痉挛发作而倒地站不起来。水牛患本病后多取亚急性经过。

3. 慢性

发生在泌乳性能高的奶牛，病情逐渐恶化，历时较长便发生运动失调和意识障碍等症状，结局多为死亡。病牛以对轻微刺激反应敏感为其特点，使头颈、腹部和四肢肌肉发生震颤，甚至强直性痉挛，不能站立而呈角弓反张。体温在 38.3~39.4℃，脉搏增数（82~105 次 / 分钟），呼吸促迫增数（60 次 / 分钟以上），在间歇性痉挛发作中，可视黏膜发绀，呼吸困难，心音混浊、不清，节律不齐，口角流出泡沫状唾液，排泄水样软便以及频尿等。

（三）实验室检验

1. 血液生化检验

血镁含量减少是本病的特征性变化，由正常的 1.8~3.2 毫克 /100 毫升减至 0.4~0.9 毫克 /100 毫升，同时，血钙含量也由正常的 9~12 毫克 /100 毫升减至 7 毫克 /100 毫升以下。本病伴发低钙血症的占 76%，其中在分娩后 4 天以内发病的约占 36%。健康奶牛 Ca/Mg 为 5.6，而青草搐搦病牛则 Ca/Mg 为 16.4，这是值得重视的指标。谷草转氨酶活性升高（这是由于肝、肾实质、心肌和骨骼肌等变性的结果）。

2. 尿液检验

尿液淡黄、透明，相对密度 1.008~1.015 或更低，尿蛋白呈阳性，尿镁含量明显减少。而尿糖、尿酮体、尿潜血、尿胆红素和尿胆素等项检验均呈阴性。

3. 瘤胃液检验

瘤胃液 pH 值升高；氨含量多达 23~54.3 毫克 /100 毫升。

（四）病理变化

本病剖检多无特异性病理变化。通常，个别病牛只见皮下和肌肉组织有程度不同的出血。痉挛发作致死的病牛，其心内、心外膜和大血管、肠黏膜等均有出血。放牧牛发病致死的见全身性、弥漫性出血。同时，肝、肾脂肪变性、坏死，骨骼肌水肿，心肌、血管也见有变性变化。

（五）诊断

在寒冷、多雨的初春和秋季里，放牧在人工草场上的牛群呈现兴

奋、痉挛等神经症状时，可怀疑本病。当然，建立最终病性诊断还要凭借血镁含量的测定结果（血镁在 1.0 毫克/100 毫升以下）。至于类症鉴别诊断方面，当破伤风、酮病（神经型）、产后瘫痪（乳热）、亚硝酸盐中毒等病，虽然在临床上也有类似青草搐搦的神经症状，但多无青草搐搦固有的低镁血症和血镁含量极少等症状。

（六）病程及预后

急性病牛多数在发病后 2~3 小时内死亡。亚急性病牛，如不早期治疗也可在发病后 2~3 天内陷于呼吸中枢衰竭死亡，但若及早地应用镁制剂治疗，只要无并发症的，其预后一般良好。

（七）治疗

针对病性补给镁和钙制剂有明显效果。通常将氯化钙（30 克）和氯化镁（8 克）溶解在蒸馏水（250 毫升）中煮沸消毒，缓慢地静脉注射。还可将 8~10 克硫酸镁溶解在 500 毫升的 20% 葡萄糖酸钙溶液中制成注射液，在 30 分内缓慢地静脉注射，均取得较好疗效。

除上述药物治疗外，可针对心脏、肝脏、肠道机能紊乱等情况，给予对症疗法的药物，以强心、保肝和止泻等为主，必要时应用抗组胺制剂进行治疗。在护理上应将病牛置于安静、无过强光线和任何刺激的环境饲养。对不能站立而被迫横卧地上的病牛，应多铺褥草，时时翻转卧位，并施行卧位按摩等措施，防止褥疮发生。

（八）预防

1. 草场管理

对镁缺乏土壤应施用含镁化肥，当然其用量按土壤 pH 值、镁缺乏程度和牧草种类而有所差别。一般为提高牧草的镁含量，可在放牧前开始每周对每 100 平方米草场撒布 3 千克硫酸镁溶液（2% 浓度）。同时要控制钾化肥施用量，防止破坏牧草中矿物质的镁、钾之间平衡。

2. 对放牧牛群的措施

首先要对牛群进行适应放牧的驯化，在寒冷、多雨和大风等恶劣天气放牧时，应避免应激反应，防止诱发低镁血症。所以，对放牧牛群，在放牧前一个月就应进行驯化，使其具有一定适应能力；其次是补饲镁制剂，放牧牛群，尤其是带犊母牛，在放牧前1~2周内可往日粮中添加镁制剂补料；再者，在本病易发病期间，除半天放牧外，宜在补饲野草和稻草的同时，在饮水和日粮中添加氯化镁、氧化镁和硫酸镁等，每头牛每天补饲量不超过50~60克为宜。

最近，有的国家为预防本病发生，在牛网胃内置放由镁、镍和铁等制成的合金锤（长约15厘米），任其缓慢腐蚀溶解，可在4周内起到补充镁的作用。本措施据说已取得较好的预防效果。

四、骨软症

骨软症是成年牛由于饲料中矿物质钙或磷不足或钙与磷的比例不当，以及维生素D缺乏等而导致钙、磷代谢障碍，造成软骨内骨化完成后重新进行性脱钙（骨吸收），由过剩的未钙化的骨样组织（骨基质）所取代，临床上以消化机能紊乱、异嗜、跛行、骨质疏松和骨骼变形等为特征的全身性矿物质代谢性疾病。（图5-21）。

图5-21 骨软症病牛

骨软症主要发生于饲料单纯、营养价不全的冬季枯饲期舍饲成年牛群，特别是妊娠或泌乳性能高的奶牛群，呈地方性暴发。由于发病率和淘汰率较高，给养殖业造成了巨大的经济损失。

（一）病因

通常，饲料中（包括水在内）钙或磷含量不足，或钙与磷的比例严重不当，以及维生素D缺乏等是本病发生的主要原因。但在成年奶牛群，由于所处地区土壤化学成分的不同，有的日粮低钙高磷，或有的日粮高钙低磷，这种钙与磷的比例严重失调构成本病病因的还是较为常见。在成年反刍动物骨骼的总矿物质中钙占36%，磷占17%，其钙与磷的比例为2∶1。根据骨骼组织中钙与磷的比例和饲料中钙与磷的比例基本上相适应的理论，饲料中的钙与磷比例以（1.5~2）∶1较为适宜。钙与磷任何一方过多或不足均可破坏血浆钙、磷含量的稳定性。导致骨组织矿物质代谢障碍，进而发生骨软化和骨质疏松性骨营养不良。

各种饲料中的钙、磷含量有显著差异，在饲料种类的选择和配合日粮时应予注意。含磷较多的饲料有麸皮、米糠、高粱、豆饼、棉籽饼和豆科作物籽实等；含钙较多的饲草有谷草、山茅草、碱草和秋白草等；含钙、磷都较多的饲草有青草、青干草和豆秸等；含钙、磷都较少的饲草、饲料有麦秸、麦糠和多汁饲料等。而作为影响饲草、饲料中钙、磷含量和吸收率的因素，主要有以下几种。

1. 土壤成分和气候

饲草、饲料中钙、磷含量受生长地区土壤成分和天气变化等影响极大，如在山区高原地带，土壤中矿物质含量贫乏，往往又遇到干旱少雨的气候，使作物或植物性草类从根部吸收到的钙、磷量大为减少；又如缺乏磷酸化肥的土壤上生长的饲草和多汁饲料中的甜菜、芜菁等，前者磷含量减少到0.04%以下，后者由于含有皂角苷能使磷随粪便排出体外，导致血磷含量减少或钙、磷比例过大等。

2. 牛群对钙、磷需求量的变化

空怀奶牛和非泌乳奶牛比妊娠和泌乳奶牛对钙、磷需求量要低，其吸收率也相应地降低，甚至随粪便排出体外的量也要加大。

3. 牛的消化道疾病

当患有前胃疾病时，由于真胃胃液中稀盐酸和肠液中胆酸量减少或缺乏，使磷酸钙、碳酸钙的溶解度降低和吸收率下降。这是因为酸性溶液可使不溶性钙盐变为可溶性钙盐且易透过肠黏膜，而碱性溶液作用正好相反。

4.牛瘤胃内微生物群的作用

瘤胃内微生物群可分解饲料中所含有的植酸、草酸，不致使植酸或草酸与钙结合发生吸收障碍；但微生物群在发酵、分解纤维素、蛋白质和脂酸过程中产生的各种脂肪酸，在肠道内与钙离子结合形成不易被肠壁吸收的钙皂，最终也随粪便排出体外。铁、铅、锰、铝等元素能与磷酸盐形成不溶性盐类而影响对磷的吸收率。此外，在锰含量过多的情况下，也会阻碍对钙的吸收。

5.维生素D缺乏

当牛自身和饲喂的饲草、饲料等植物在生长期间受日光（紫外线）照射不足时，会影响牛形成维生素D。维生素D_3可提高肠壁对钙的吸收率，并间接地提高对磷的吸收率，当其缺乏会使血钙、血磷含量减少，发生骨营养不良性骨软症是必然的结果。

（二）发病机理

钙、磷代谢与骨骼自身生长发育及再生有着密切关系。饲料中的钙和磷主要在小肠前段吸收，经血液循环运送到骨骼和其他组织，以保证骨骼中钙、磷需求水平；同时，骨骼中的钙、磷也不断地进行分解（释放）进入血液中去，共同维持血液中钙、磷的动态平衡。如果饲料中钙、磷含量不足或小肠吸收钙、磷机能紊乱，则血液中钙、磷来源减少，运送到骨骼中的钙、磷也相应地减少。机体必须动员骨骼中沉积的钙、磷进入血液中去。这样时间过长就会使骨骼中的钙、磷大量释放，致使骨骼严重脱钙。骨骼的正常结构发生改变，出现骨质疏松、脆软、变形、肿大、长骨弯曲和骨骼表面粗糙不平等一系列病理变化。

（三）症状

骨软症常取慢性经过。病初多以前胃弛缓的症状为主，如食欲时好时差、异嗜，舔食厩舍墙壁、地面泥土、污秽垫草、粪尿沟中的粪水、铁器、木屑和石块等，不时地空嚼（磨牙）、呻吟等。病牛伫立时头颈

向前伸展，背腰凹下，前肢不时地交替负重，有时以膝关节着地（跪地）。当运动时出现原因不明的一肢或多肢跛行（多属悬跛），步幅短缩，步态强拘，蹄尖着地，后躯摇晃，有时由肢腿某关节发出爆裂音响（或一肢或多肢轮流发出）。喜卧地上，站立不能持久，强迫站立时出现全身性颤抖，有时弹腿（后腿），有时取前后肢前后踏地的拉弓姿势。蹄壁角化不良、生长过速、干裂。奶牛常伴发腐蹄病，病程稍久的变为无蹄。骨软症奶牛发情延迟或呈持久性发情，受胎率低（不孕症）、流产和产后胎衣停滞等。

病势进一步加重，骨骼严重脱钙，脊柱、肋骨和四肢关节等处敏感，叩、压诊有痛性反应。躯体和四肢骨骼变形，呈现胸廓扁平，凹腰，拱背，飞节内肿，后肢呈"八"字形等症状。尾椎骨转位、变软和萎缩，最末端椎体可被不同程度的吸收，严重时一节到多节消失。肋骨、四肢骨和盆骨等骨质疏松、脆弱，易发骨裂、骨折及腱附着点剥脱（如常见的跟腱断裂等）。

病牛营养不良，严重消瘦，被毛逆立粗刚、无光泽，换毛延迟，皮肤干燥、弹性减退呈皮革样外观。体温、呼吸和脉搏一般无明显变化，只有运动过后才使脉搏、呼吸增数。消化机能紊乱；反刍、嗳气机能减弱，瘤胃蠕动先增强后减弱，发生便秘、腹泻或两者交替发生。下腹部蜷缩。泌乳奶牛产奶量明显减少。有的伴发贫血和神经症状。低磷性骨软症病牛还可能出现血红蛋白尿，最终持久性横卧，形成褥疮，被迫淘汰。

（四）实验室检验

1. 血液检验

红细胞数和血红蛋白含量均在生理范围的下限。

2. 血液生化学检验

血清蛋白含量轻度减少。低磷性骨软症病牛血清无机磷含量由正常值 4~8 毫克 /100 毫升降低到 2~4 毫克 /100 毫升；低钙性骨软症病牛血清钙含量由正常值 9~11 毫克 /100 毫升降低到 6~8 毫克 /100 毫升，也有少数病牛在正常范围内的。碱性磷酸（酯）酶活性升高。

3.尿液检验

低磷性骨软症病牛可出现血红蛋白尿。

4.乳汁检验

乳汁酒精反应阳性（限低钙性骨软症奶牛）。

（五）病理变化

全身极度消瘦，肌肉褪色。肝、脾脏萎缩。长骨沿长轴泛发性骨膜肥厚，头骨和盆骨骨膜肥厚、变形，肋骨与肋软骨连接处有的形成骨瘤。四肢长骨弯曲，易发骨折。骨密度降低，骨折断面呈海绵状。大关节软骨面严重糜烂，滑液囊肥厚，关节液增多。

（六）诊断

根据病史调查、临床症状特点，结合实验室检验指标变化以及 X 光检查等，不难做出病性诊断。至于类症鉴别诊断，应与肌肉风湿加以区别，风湿（症）是由潮湿寒冷等侵袭所致，其症状可随运动而减轻，应用水杨酸制剂治疗，效果显著。此外，还应注意与氟中毒、慢性铅中毒、锰缺乏症、铜缺乏症及蹄叶炎等加以区分。

（七）病程及预后

本病多取慢性经过，病程较长，有的历时达一年以上。轻型病牛如能及时改善饲养管理和合理治疗，可望康复，一般预后良好。重型病牛陷于严重消瘦，虚脱，骨折，特别是脊椎骨骨折以及跟腱断裂病牛，往往长久卧地，继发感染，导致褥疮，最终陷于恶病质或败血症，预后多不良，结局死亡。

（八）治疗

首先应从调整日粮着手，饲喂富含蛋白饲料、豆科牧草等，以使钙、磷含量及其比例达到正常需求。对缺钙性骨软症病牛，若奶牛可根据泌乳量在日粮中适量添加碳酸钙、磷酸钙或柠檬酸钙粉，成年干奶期奶牛钙、磷饲喂量分别不少于 55 克 / 天和 20 克 / 天；泌乳牛则分别为 2.5 克和 1.8 克 / 千克乳量。同时，静脉注射 20% 葡萄糖酸钙注射液 50~100 毫升，连续几天可获一定疗效。对缺磷性骨软症病牛，在日粮中除添加磷酸钠（30~100 克）、磷酸钙（25~75 克）或骨粉（钙:磷比为 5：3，30~100 克）外，还可用 8% 磷酸钠注射液 300 毫升或 20% 磷酸二氢钠注射液 500 毫升，静脉注射，每天 1 次，3~5 天为一疗程，可使病情轻减直至痊愈。为防止出现低钙血症，可静脉注射 10% 氯化钙注射液或 20% 葡萄糖酸钙注射液适量。为增进肠管对钙、磷的吸收利用，可应用维生素 D 制剂。

对有关节疾病和疼痛症状的牛，可反复多次使用水杨酸制剂。对有神经症状的牛，可静脉注射安溴合剂。

（九）预防

最为重要的措施是定期检测牛群血液中钙、磷含量（血液中钙、磷变化多出现在临床症状之前），做好预测工作。

平时按饲养标准结合牛群用途及所在地区的具体情况配制日粮，增饲豆科牧草和优质青草，确保饲草中钙、磷含量满足生理需求以及钙、磷比例达到规定标准〔（1.5~2）：1）〕。高产奶牛在冬季舍饲期间，可在日粮中添加矿物质补料，应用维生素 D_3 制剂（非经口给予），有条件的多做户外阳光照射和适量运动。

第五节　常见产科疾病

一、乳房炎

乳房炎（图 5-22）是奶牛最常见的疾病之一。乳房炎分为亚临床型乳房炎、亚急性临床型乳房炎、急性乳房炎、慢性乳房炎和无菌性乳房炎 5 种。隐性乳房炎不仅使奶产量减少，而且使乳的品质大大下降，牛因乳房炎每年都造成巨大经济损失。

亚临床型乳房炎：乳房与乳汁无临床可见异常，乳汁培养有细菌存在，乳汁体细胞计数可检出炎症程度。

亚急性临床型乳房炎：乳房和乳汁异常。乳汁水样，含絮片和凝块。乳房有轻度的发热、肿胀和敏感或没有。

急性乳房炎：特征是乳房突然发红、肿胀、变硬、疼痛，乳汁显著异常、奶量减少。出现全身症状，发热、食欲减退，反刍减少，脉搏增速，脱水，衰弱和沉郁。

慢性乳房炎：乳房长时间感染，可能保持亚临床型，或亚临床型与临床型交替出现，此时可长期存在临床症状。

无菌性乳房炎：乳汁样品分离不出微生物，这种病例可能是临床型的或亚临床型的。

图 5-22　临床型乳房炎乳房水肿

（一）病原

乳房炎的病原微生物有细菌、真菌、病毒、霉形体等，国外报道有多达 80 多种，甚至 130 多种，主要的病原菌是链球菌属、金黄色葡萄球菌、大肠杆菌和霉形体。这些病原菌还可以分为接触传染性的（如无乳链球菌、金黄色葡萄球菌、霉形体）和环境性的（如乳房链球菌、停乳链球菌、大肠杆菌）。

（二）发病机理

微生物入侵乳腺主要通过乳头管、血液、皮肤创伤。病原菌一旦通

过乳头管屏障，先在接近乳头的乳区下部的乳管壁或分泌组织中生长和繁殖，建立感染区，然后向上扩散到乳区的其他部位。

乳腺感染初期，受感染部分乳区的血管扩张，血液增多，血流减缓，毛细血管的渗透性增加。感染轻微的，在感染消退后，受感染乳区乳的分泌将增加，几天内恢复到接近正常。如果感染后损害很严重，乳管被堵塞的时间长，超过3~4天，分泌细胞消失，乳的分泌停止，要到下次产犊时才能恢复。如果损害特别严重，很多分泌细胞被破坏，乳管的持续堵塞，使堵塞后部的脓堆积，该部就会形成疤痕组织。或在乳区中留下一个潜在的感染区，细胞和细菌可间歇性的排入乳中。乳腺组织中大量这种死亡的区域，可融合成大的脓肿，脓肿通过皮肤破溃，或破溃进入乳管。

（三）症状

1. 革兰氏阳性细菌引起的乳房炎

链球菌和葡萄球菌入侵后，有3~5天的潜伏期。乳管和腺泡的细胞极度水肿，血浆蛋白渗出，乳汁发生凝结，泌乳减少。乳中体细胞数量显著升高。

（1）链球菌性感染（无乳链球菌、停乳链球菌、乳房链球菌）与葡萄球菌性感染比较，在急性期，前者乳中SCC更高、乳产量下降更低。在慢性期，后者基质纤维样变性和乳腺萎缩，并伴发乳房纤维化和变硬。慢性感染在临床上检出困难，但由于乳腺中存在感染病灶和封闭的脓肿，使乳中体细胞数持续升高，所以，桶奶SCC容易检出。

（2）急性金黄色葡萄球菌感染　β和δ毒素可导致无血管坏死、局部血管血栓形成、坏疽及皮肤和乳头的脱落。坏疽性乳房炎常见于泌乳早期和较年青的母牛。这些毒素可被机体吸收，导致全身毒血症而危及患牛生命。

2. 革兰氏阴性菌引起的乳房炎

通常是大肠杆菌，侵入后有一最初的潜伏期，约10小时。乳房局部被感染，乳区均匀肿大，无任何柔软空隙，乳汁水样，内含小纤维素或硬块，或仅能挤出少量黄色液体，又称无乳症。另外，本病从开始到消退有一特点，即没有从急性到慢性，或慢性到急性的变化过程。

3.其他原菌引起的乳房炎

（1）霉形体乳房炎　有2~3天的初期潜伏期，然后临床突然发作，开始在一个乳区，随后波及其他乳区，或同时侵袭4个乳区，乳房严重肿胀。奶产量急降，变为鞣酸样褐色，上浮一层沙质样物。可能并发关节炎或跛行，无明显全身症状。其结果导致乳房纤维化发展和乳腺细胞的萎缩。

（2）表皮葡萄球菌乳房炎　在环境中普遍存在，引起乳房的轻度炎症，乳中体细胞数增加，呈隐性感染，而不表现临床症状。

（四）诊断

1.临床型乳房炎

主要是个体病牛的临床诊断，方法仍然是一直沿用的乳房的视诊和触诊、乳汁的肉眼观察，以及必要的全身检查。

2.隐性乳房炎

采用间接诊断法——美国加州乳房炎试验（CMT）、乳汁体细胞计数、乳汁电导率测定和乳汁病原体鉴定。

3.CMT法

是化学检验法，可在牛体旁进行，现为世界各国，包括我国所普遍采用，方法简易、效果准确，可以定量。基本原理是用一种阴离子表面活性物质——烷基或烃基硫酸盐，破坏乳中的体细胞，释放其中的蛋白质，蛋白质与试剂结合产生沉淀或凝胶。细胞中聚合的脱氧核糖核酸（DNA）是CMT产生阳性反应的主要成分。乳中体细胞数越多，释放的DNA越多，产生的凝胶也就越多，凝结越紧密。根据这一原理我国不少地方利用国产的烷基或烃基硫酸盐原料先后研制出了诊断隐性乳房炎试剂，达到了CMT试剂的国产化。CMT试剂的配方和应用简介如下。

试剂配方：烷基或烃基硫酸盐30~50克、苛性钠15克、溴甲酚紫0.1克（pH值颜色指示剂），蒸馏水1 000毫升。

方法：乳汁检验盘，4个乳区的乳汁分别挤入4个检验盘中，倾斜检验盘 60°，流出多余乳汁，各加等量（2 毫升）试液，随之平持检验盘旋转摇动，使试剂与乳汁充分混合，10 秒后观察判定。判定标准如下：

阴性（-）无变化，不出现凝块；可疑（±）微量沉淀，有不久即消失的倾向；弱阳性（+）部分形成凝胶状；阳性（++）全部呈凝胶状，回转摇动时凝块向中央集中，停止摇动时凝块呈凹凸状附于皿底；强阳性（+++）全部呈凝胶状，回转摇动时凝块向中央集中，停止摇动时仍保持原状，并固着于皿底；酸性（pH 值 5.2 以下）乳汁变黄色，意味着细菌增多，乳糖被分解；碱性（pH 值 7.0 或 7.0 以上）乳汁呈深紫色，为接近干奶期，感染乳房炎，泌乳量降低的现象。

乳汁电导率值试验　是物理检验法，乳腺感染后，血 - 乳屏障的渗透性改变，Na^+、Cl^- 离子进入乳汁，使乳汁电导率值升高。

桶奶试验　可以评估一个牛群隐性乳房炎的感染水平。

（五）治疗

乳房炎的治疗主要是针对临床型乳房炎。隐性乳房炎发病率高，主要是控制和预防，治疗的经济意义不大。

抗生素仍是治疗乳房炎的首选药物，其次是磺胺类药。为提高疗效，抗生素等药物在使用前最好采奶样做病原微生物分离和药物敏感试验。

药物治疗途径，仍采取局部乳房内给药和经肌肉或静脉的全身给药，乳房内给药在每次挤完奶后进行。一般对亚急性病例，取乳房内给药即可，但要坚持 3 天；急性病例，取乳房内和全身给药，至少 3 天；最急性病例，必须全身和乳房内同时给药，并结合静脉输液，及选择其他消炎等药物和对症疗法。首选青霉素和链霉素；对金黄色葡萄球菌感染的可采用青霉素、红霉素，亦可采用头孢霉素、新生霉素；对大肠杆菌感染的可采用大剂量双氢链霉素，也可采用庆大霉素、新霉素、氯霉素，但使用要坚持至炎症完全治愈，否则可能复发。

（六）预防

1．挤奶卫生

母牛要整体清洁，尤其是乳房要清洁、干燥。乳头在套上挤奶杯前，用最少量的水冲洗，用单一纸巾清洁和擦干。

2．乳头浸浴

在每次挤奶后进行，浸液的量不要多，但要能浸没整个乳头。

3．干奶期预防

泌乳期末，每头母牛的所有乳区都要用抗生素进行治疗。药液注入前，要清洁乳头，乳头末端不能有感染。

4．淘汰慢性乳房炎病牛

这些病牛不仅奶产量低，而且从乳中不断排出病原微生物，已成为感染源。

5．保护牛群的"封闭"状态

避免因牛的引进或出入带来新的感染源。

6．定期评价挤奶机的性能

虽然大量研究指出，挤奶机的影响大约只占乳房炎问题的5%，但仍要保持挤奶机好的真空稳定性和正常的脉动频率，不要因此而损害乳头管的防护机能。要保持挤奶杯的清洁。及时更换易损坏的挤奶杯"衬里"，因为它容易"滑脱"而造成感染。

7．定期进行桶奶或个体母牛奶的 SCC

根据细胞的数目，采取相应的防制措施。使奶业生产者知道，传染性病原菌、奶的体细胞数和奶产量损失之间的关系，认识到预防隐性乳房炎的重要性。

二、子宫内膜炎

产后感染是子宫内膜炎的主要病因，都在流产、难产、子宫脱、胎衣不下等异常分娩和围产期子宫疾病感染病原菌而继发。

（一）病原

病原菌较复杂，都为混合感染，主要的有葡萄球菌、链球菌、大肠杆菌、化脓性棒状杆菌、变形菌等。如果子宫的自净作用不能将这些感染清除，就会引起子宫复旧延迟及严重的子宫内膜炎。其次，本交、人工授精消毒不严，带入病原菌感染，引起子宫内膜炎。这种感染往往导致畜群受胎率的降低。由阴道炎、宫颈炎上行引起的子宫内膜炎，临床比较少见。

（二）症状

根据子宫内膜炎感染的病理过程，分为3个阶段。

第一阶段，在产后20天以内，为产褥期恶露排除阶段。由于分娩机体抵抗力下降和生殖道的损伤是易感期，并易引起急性炎症。如果感染扩散，会引起全身性疾病。

第二阶段，产后20~40天，为生殖道复旧和子宫自净阶段，机体调动各种抗感染机制，修复创伤，感染被局限化，并转为慢性。发情周期开始恢复。

第三阶段，产后40~50天，为生殖道结构机能和正常发情周期恢复阶段，感染成为慢性或隐性。

1. 急性黏液性脓性子宫内膜炎

恶露排出时间延长，转为黏液性、脓性分泌物，臭味不显著。阴道视诊：宫口开张，黏膜潮红，有炎性分泌物。直肠触诊：子宫角复旧差，收缩反应弱，壁厚，蓄积液多，时有波动感。全身症状轻微，食欲减弱，泌乳减少。

2. 纤维蛋白性子宫内膜炎

临床少见，炎性分泌物呈污红色或褐红色稀糊状液体，混有灰白色组织块、恶臭。全身症状明显，体温升高，食欲废绝，反刍、泌乳停止。

3. 胎盘坏死性子宫内膜炎

宫阜（胎盘）分解呈豆腐渣样排出，腐败臭。全身症状严重，精神沉郁，不愿站立，体温升高，呼吸、脉搏加快，食欲废绝。有可能继发败血症或脓毒血症。临床已很少见。

4.慢性卡他性子宫内膜炎

阴道分泌物稀粘状稍混浊，并混有絮状物，发情周期不正常或正常。直肠触诊，子宫角增粗，壁较厚，收缩反应弱。冲洗子宫回流液略浑浊，如淘米水样。

5.慢性脓性子宫内膜炎

阴道分泌物呈脓性，阴门和尾根粘有脓痂，宫颈充血、外口微开。发情周期紊乱。触诊子宫角粗大、壁厚薄不均，收缩反应微弱或消失。

6.子宫积液

子宫角内炎性分泌物不能排出蓄积而成，分子宫积水（图5-23）、子宫积液和子宫蓄脓（图5-24）。母牛停止发情，子宫颈口不开，阴门无分泌物流出。直肠触诊：子宫角膨大，一侧性或两侧同大、有波动感。子宫积水时，子宫壁薄、波动明显，积液可在两子宫内流动。子宫积脓时，子宫壁厚，波动不如积水明显，流动性差。卵巢上均有黄体存在（持久黄体）。积水和积黏液为稀薄或稍稠的灰白色液体，或呈棕黄色、红褐色。积脓为稠的脓液。前者由卡他性炎继发，后者由脓性炎继发。

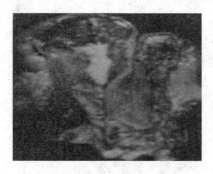

图5-23 子宫积水

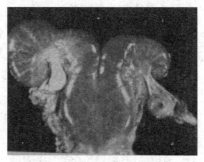

图5-24 单侧子宫蓄脓

7.隐性子宫内膜炎

特征是发情周期基本正常，屡配不孕，发情时排出分泌物较正常的

多，稍稀略混浊。冲洗回流液静置后有沉淀或有絮状物浮游。

B超断层扫描子宫可鉴别炎症情况，鉴别积液、积脓。

（三）治疗

1.急性炎症

对体温升高、全身症状严重的，需全身使用大剂量广谱抗菌药物，以及大量补液等措施（参考产后感染），促使全身状况好转。待体温下降后再对子宫局部进行处理，冲洗子宫清除炎性分泌物及分解腐败产物，投入广谱抗菌药物，使用催产素促使子宫收缩等。冲洗液宜加温（40~45℃），常用的有生理盐水、0.05%~0.1%高锰酸钾溶液，0.01%~0.05%新洁尔灭溶液，0.1%雷佛奴尔溶液等。

2.慢性炎症

促进生殖机能早期恢复和自净作用及天然抗感染功能，如使用雌激素、催产素冲洗子宫，冲洗后根据炎症程度可分别投入青霉素、链霉素或四环素类，及选用市售的露它净、宫得康、宫炎灵、宫炎净、清宫合剂等注入。复方碘溶液（100毫升溶液含5%复方碘溶液）有很强杀菌力，且可刺激子宫机能的恢复和加强其自净作用，可用于治疗病程较长的脓性炎症。

3.子宫积水或蓄脓

首先促使宫颈开张排出积液，PGF 20有特效，配合使用雌激素和催产素，雌激素可促使宫颈开张、并提高子宫肌对催产素的敏感性。然后冲洗子宫排净子宫内积液，再投入广谱抗菌药物。治疗时可间隔数日，重复使用，至发情周期恢复、子宫分泌物清亮。

4.隐性子宫内膜炎

可在配种前用含有青霉素40万单位、链霉素0.5克的生理盐水或5%葡萄糖溶液冲洗子宫，或配种后注入青霉素、链霉素。

治疗前如能采分泌物作细菌培养和抑菌试验，然后对菌选药，可获一次灭菌的良好效果。

治愈子宫内膜炎的标准：

①临床症状消失；②配种受孕，正常分娩。

轻度炎症可以达到痊愈；炎症重、病程长的往往只能消除症状。

（四）预防

① 分娩助产严格消毒，操作正确，防止损伤和感染。

② 对难产、胎衣不下、子宫脱垂等围产期疾病要及早治疗，并防止急性炎症的发生。炎症发生后，抓紧在急性期治愈。

③ 提高配种人员素质，严格按规程操作，杜绝配种感染。

④ 母牛分娩开口期末做产道子宫内检查，以便及时解救难产，减少感染。

三、生产瘫痪

生产瘫痪是母牛分娩前后突然发生的一种严重代谢性疾病，其特征是低血钙、知觉丧失、肌肉无力及四肢瘫痪，亦称乳热症或低血钙症，为奶牛产后常见病之一。主要发生于饲养良好的高产奶牛，在产奶量最高的胎次，多数见于第 3~6 胎，在顺产后 3 天之内发病（多数在产后 12~48 小时）。初产母牛几乎不发此病。也有在分娩前或分娩过程中发病的。本病散发，但复发率高，并有遗传倾向，如娟姗牛较多发。我国高产的犏牛，也常发此病。

（一）病因

本病发病机理尚不完全清楚，但引起本病的直接原因主要是分娩前后血钙浓度剧烈降低，也有人认为本病与大脑皮质缺氧有关。

1. 血钙降低

正常情况下，产后健康牛的血钙浓度为 0.08~0.12 毫克/毫升，平均为 0.1 毫克/毫升，病牛则下降至 0.03~0.07 毫克/毫升，同时血磷、血镁含量也降低。引起血钙浓度急剧下降的原因：① 血钙大量进入初乳并被排出，而干奶期母牛甲状旁腺机能减退，动用骨钙的能力下降；同时母牛消化机能尚未恢复，从肠道吸收的钙量显著减少。血钙的流失超过了从肠道吸收和骨钙动用的补充。② 怀孕后期，胎儿迅速发育，钙的需求大增，骨骼吸收钙量减少，影响钙的贮存使能动用的钙减少。

③ 分娩使大脑皮层从过度兴奋转入抑制和分娩后腹压的突然下降，使脑部出现暂时贫血、抑制加深，影响了甲状旁腺的机能，以致难以调节体内钙的平衡。

2. 大脑皮质缺氧

有人认为本病为一时性脑贫血所致的脑皮质缺氧、脑神经兴奋性降低的神经性疾病，而低血钙则是脑缺氧的一种并发症。其依据是：① 脑缺氧先表现短暂的兴奋（不易观察到）和随后的功能丧失，这与本病症状的发展过程很吻合。② 有些病例补钙后，临床并未见好转，而乳房送风却有效果。乳房送风使乳房内大部分血液进入循环，从而使血压上升，改善了脑循环，缓解了脑贫血。应用氢化可的松治疗本病，也是这个原理。乳房送风不仅缓解了脑贫血，也提高了血钙含量，两者不能截然分开。

（二）症状

生产瘫痪虽有典型与非典型（轻症）之分，但临床报道所见大多为轻症，且极少报道见到病初短暂的兴奋症状。

1. 典型

精神沉郁，不愿走动，后躯摇摆，站立不稳，起卧困难，最终不

图 5-25　生产瘫痪病牛

能起立，四肢屈曲或伸展于腹下（图 5-25），头弯向胸侧，可用手拉直，但一松手，头仍弯向胸侧，是本病典型卧姿。进而意识抑制、知觉丧失，各种反射微弱至消失，患牛昏睡，皮温和四肢温度降低，体温下降，最低达 35~36℃。脉搏微弱，呼吸深慢。最终可昏迷而死。

2. 轻症

主要特征是躺卧时头颈姿势不自然，呈"S"状弯曲，但并非都能见到。病牛精神沉郁，但不昏睡；反射减弱，但不消失。

（三）诊断

诊断本病主要依据是：病牛胎次（3~6胎）、产奶量高、产犊不久（3天之内），特征的卧地姿势及血钙降低（8毫克以下）。

本病需与酮病、产后截瘫、低血镁症作鉴别。酮病患牛的奶、血、尿中丙酮含量增加，呼出气体有丙酮味。有资料表明，相当比例病例两病并发。产后截瘫，仅不能起立，其他均无异常。低血镁患牛表现搐搦和感觉过敏，而无麻痹、昏迷等典型瘫痪症状。

（四）预后

发病早（产后 8 小时以内），病程进展快，病情严重的，有可能死亡。一般只要治疗及时、正确，90% 以上均可痊愈。预后良好的标志是治疗后体温较快回升，如果继续下降，则预后不良。复发者预后都不良。

（五）治疗

传统和最有效的疗法仍是静脉补钙和乳房送风，治疗越早，疗效越好。

1. 静脉补钙

最常用的是硼葡萄糖酸钙溶液，即在葡萄糖酸钙溶液中加入 4% 硼酸以提高其溶解度和稳定性。奶牛一次静注 20%~25% 硼葡萄糖酸钙500 毫升。葡萄糖酸钙刺激性小，可以做皮下注射。据报道将硼葡萄糖酸钙总注射量的一半静注、一半皮下注射，治疗后 12 小时，患牛血钙含量高于全部静注，复发率也由全部静注时的 38% 下降到 4%~8%。注射硼葡萄糖酸钙的疗效一般在 80% 左右，注后 6~12 小时病牛如无反应，可重复注射。如再无效说明补钙对该病例没有作用。如无硼葡萄糖酸钙，可注射 10% 葡萄糖酸钙溶液。补钙要掌握量和速度，不能超过 1 克 /50 千克纯钙，静注 500 毫升至少需要 10 分钟，并注意心律的变化。对怀疑伴发血磷、血镁降低的病例，可同时静注 40% 葡萄糖溶液和 15% 磷酸钠溶液各 200 毫升，及 25% 硫酸镁溶液 50~100 毫升。

2. 乳房送风

仍是治疗本病最简单有效的疗法，特别适用于补钙疗效不佳和复发的病例。乳房送风的机理是：① 升高乳房内压，减少流入乳房血量，减少钙的排出，使血钙水平回升。② 乳房血量进入体循环，使全身血压上升，缓解和进而消除了脑贫血，促使其恢复调节血钙平衡的功能。③ 空气刺激乳腺内神经末梢，传至大脑提高其兴奋性、解除抑制状态。

乳房送风有专用的乳房送风器，也可用注射器或打气筒代替，关键是要做好空气的过滤和消毒。方法是：尽量挤净乳房中积奶，消毒乳头和乳头管口，将消毒的乳导管或尖端磨平的注射针头插入乳头管。从倒卧侧的后乳区开始逐个打入空气，以乳区皮肤紧张，叩之呈现鼓响音时为宜。空气过量，会使腺泡破裂，可能影响疗效；逸出的空气会逐渐上移至臀部皮下，慢慢消失没有影响。空气量不足，则没有疗效。打气毕，捻搓乳头管括约肌，促使其收缩防止空气回流或用绷带轻轻结扎乳头管，待病畜起立，症状缓解后再解除。

张书林等应用的方法简易，兹介绍于下：自行车打气筒接气门芯和气门芯胶管，连接空气过滤瓶上玻璃管，另一玻璃管连另一气门芯胶管，再接球类充气针。空气过滤液为 1% 高锰酸钾溶液。所有用具均应消毒。

3. 激素疗法

一般与补钙配合使用。据报道，对补钙疗效不佳的病例，使用地塞米松 20 毫克 / 次，治愈率达 64.7%；如地塞米松配合钙一起治疗，治愈率可达 92.8%。也可用 25 毫克氢化可的松加入 2 000 毫升糖盐水中静脉注射，1 日 2 次，连用 1~2 天。

（六）预防

生产瘫痪主要是高产奶牛的一种代谢病，进行科学饲养，避免片面强调产量是最有效的预防方法。试验证明，在干奶期中，至少在预产期前 2 周开始，给母牛饲喂低钙高磷饲料，将每日钙的摄入量限制在 60 克以下，增加谷物精料，减少豆科干草和豆饼，使钙、磷摄入比例保持在（1.5~1）：1，可有效防止本病的发生。

分娩之后，立即 1 次肌内注射 10 毫克双氢速变甾醇（DT10），预防本病也比较有效。如在第一次补钙同时，使用双氢速变甾醇还可减少本病的复发率。

第六节　常见消化系统疾病

一、消化不良

（一）单纯性消化不良

单纯性消化不良系因瘤胃肌肉的兴奋性和活动性降低、收缩力减弱，瘤胃内容物运转缓慢，菌群失调，产生大量的腐解、酵解的有毒物质，引起消化障碍，食欲、反刍减退以及全身机能紊乱的一种疾病。临床上以食欲不振至厌食、反刍和嗳气减少至停止、瘤胃蠕动到消失、粪便减少干燥或腹泻为特征。

本病是耕牛、奶牛及肉牛的一种多发病，多发生于乳牛和舍饲的肉牛，特别是舍饲牛群更为常见。有些地区的耕牛（黄牛和水牛）发病率在前胃疾病中达到 75% 以上，呈单发或群发。对牛的健康影响很大。

1. 病因

单纯性消化不良，与饲养管理和自然气候的变化有密切关系。常见由于轻度的饲料变更，吃食难消化的含蛋白质低的粗饲料或发霉、变质、发热或冰冻的饲料，以及过食谷类或其他精料容易发生本病；高产奶牛无限制采食过多青贮料可以促进瘤胃的单纯性消化不良；无限制地任母牛采食青贮，高产牛在户外寒冷环境中又限制采食干草和谷类日粮时，也容易发生本病；育成牛饲喂青贮过多，粗劣干草或高蛋白日粮会使育成牛变瘦，并周期性发生单纯性消化不良；在夏季长时间饲喂新割含水多的青草或冬季长期饲喂冰冻变质的甘薯、胡萝卜，都能导致本病发生；长期服用磺胺或抗生素扰乱了瘤胃微生物环境，以及给奶牛饲喂一种外涂福尔马林的食物均可以引起消化不良。

2.病的发生

食入过多的精料，会改变瘤胃 pH 值而影响瘤胃运动和瘤胃内微生物的正常消化功能。

食入过多难以消化的饲料会积聚在一起，机械性妨碍瘤胃活动，蛋白质腐败会产生有毒的酰胺和胺、组胺，可引起前胃弛缓。瘤胃弛缓后采食量减少，使挥发性脂肪酸的产生急剧下降而出现乳产量明显下降和采食减少。

3.症状

最早的症状：突然的食欲减少和奶量下降；反应稍迟钝，瘤胃运动次数减少、力量减弱，甚至完全消失。在突然大量采食适口性好的优质饲料引起的病牛，瘤胃体积比平时大，触诊硬实，呈面团状，粪便少。病后的第一天粪稍干，之后变软，有恶臭。采食过多谷类或易发酵的饲料时，拉稀粪甚至呈水样。

典型的症状：瘤胃停滞和蠕动减弱，通常瘤胃呈一种坚实的生面团状，体温、脉搏和呼吸次数无异常，一般不发生疼痛。食大量青贮料的牛会出现瘤胃臌胀以及轻度腹痛，大多病例能自愈。

一般无全身反应，呼吸、脉搏和体温正常，腹壁叩诊无疼痛反应。有时瘤胃可能有程度不等的臌胀和腹痛，但瘤胃恢复运动后，腹痛立即消失。大多数病例可自然痊愈或单纯治疗后在 48 小时内痊愈，少数病例可能恶化或转为慢性，食欲继续废绝，消瘦，卧地不起，粪便恶臭，呻吟，磨牙，脱水，濒死前体温下降。

4.临床病理学

单纯性消化不良会导致瘤胃菌群活动改变，常进行沉淀活力试验和纤维素消化试验检测。

5.诊断

本病无明显的示病症状，临床上一旦牛出现食欲和产奶量下降，诊断为单纯性消化不良似乎缺乏直接的证据。主要是瘤胃功能减退、停滞和蠕动减弱，在详细检查并排除其他疾病的可能性后宜及早做出诊断。应与下列疾病进行鉴别诊断。① 酮病：数天内食欲和产奶量下降，发生于产后头两个月，瘤胃收缩比正常弱。② 创伤性网胃炎：突然发生，中度体温升高，疼痛等。③皱胃变位：通常在生产之后突然发生，在左侧底部可听到皱胃蠕动音。④迷走神经性消化不良：迷走神经受到损伤引起，引起瘤胃和皱胃不同程度的麻痹。⑤急性瘤胃阻塞：是一种严重的疾病，伴有脱水和神经错乱症状，并有过食的病史。⑥低血钙：持续6~18小时，通常伴有厌食和粪便减少，瘤胃机能减弱，用钙制剂治疗后食欲恢复正常。

6. 治疗

治疗原则是恢复胃肠的正常运动机能及清除胃肠内的致病内容物。

主要采用对症治疗，常见的方法为自然恢复，许多单纯性消化不良可以自然恢复，少量多次给适口性好的干草可以刺激食欲。

另外采取综合性疗法，包括对瘤胃的按摩，给瘤胃兴奋剂，镁盐、石蜡油、接种健康牛瘤胃内容物，在恢复期给予健胃剂。

投服轻泻—促反刍合剂和注射钙溶液也是一种疗法。临床上有多种轻泻—抗酸—促反刍合剂供选用。若瘤胃的蠕动尚存，可给予丸剂；若瘤胃蠕动已严重停滞，宜将粉剂加温水用胃管投药。已出现瘤胃臌气的病例给药前应先行胃管放气。由于食欲和胃肠功能减退以及继续泌乳（尽管产奶量下降），常导致低血钙，因此，所有患畜必须补充钙制剂。低血钙时动物末梢冰凉，胃肠停滞加重。一般每头病畜需注射500毫升硼酸葡萄糖酸钙，静注或分4个部位皮下注射。出现严重腹痛的动物应给予镇静或安定剂。

应用兴奋前胃运动的药物，如促反刍注射液、副交感神经兴奋剂可广泛用于兴奋瘤胃，但有引起副作用的缺陷，而且作用时间非常短暂，大剂量可抑制瘤胃的运动，而小剂量短时间内反复应用可增加瘤胃的活动，并可促使结肠排空；应用拟胆碱药物小剂量多次使用，隔2~3小时皮下注射一次，以兴奋瘤胃的副交感神经，常用的是氯化氨甲酰胆碱0.004~0.006克、毒扁豆碱0.01克或0.5%溶液每次1毫升，毛果芸香碱0.1~0.2克或新斯的明0.02~0.06克，但对病情危急、心脏衰弱、妊娠母牛，则须禁用，以防虚脱、流产。对于非常虚弱或患有腹膜炎的动物，怀孕后期的动物应当禁止使用硫酸镁和其他盐类泻药物。但此类药物对兴奋瘤胃是有效的，而且价格低廉，体质好的可应

用 500~1 000 克。

调节酸碱平衡进行治疗。比较合理的治疗应当是在瘤胃内容物过酸时使用碱，如氢氧化镁、剂量为每头成年母牛（体重 450 千克）400克，如果瘤胃内容物呈现碱性时（饲喂大量高蛋白饲料可产生多量的氨，使内容物偏碱性）可使用酸，如醋酸或食用醋 5~10 升。可用 pH 试纸测定瘤胃液的 pH 值，如瘤胃内容物太稠，则可用胃管灌入 14~19升的水或生理盐水。

应用缓冲剂以恢复瘤胃微生物群系的活性及其共生关系，增进前胃消化功能，调节瘤胃 pH 值，恢复瘤胃微生物活力。病程超过数天的消化不良的病例和各种原因而长期厌食的家畜，均可使瘤胃微生物菌群大量减少，特别是 pH 值有明显改变。移植瘤胃内容物重建菌群是很有效的，可以从屠宰场获取瘤胃内容物，也可在健康牛反刍时取食团，还可吸取健康牛的瘤胃液，如瘤胃液少可以灌生理盐水再吸取，过滤后给病牛灌服，效果较好，也可重复使用。

当瘤胃内容物 pH 值降低时，用碳酸氢钠 50 克，一次内服。在病的恢复期，可使用苦味健胃剂，尽量使用粉剂和水剂，少用酊剂。喂给优质青草或禾本科干草，并逐渐转为正常喂饲。

一般病例常能自愈或经上述常规治疗后康复。给药后 12~14 小时内动物应恢复正常的食欲并排出大量松软的粪便。排泄物在 2~3 天内仍保持多量水分或呈松软状态。轻泻疗法应持续 2~3 天，但剂量宜逐次降低，以保证彻底清除瘤胃内的致病性内容物。

（二）迷走神经性消化不良

本病是由于支配前胃和皱胃的迷走神经遭受损伤，致使不同程度的胃麻痹发生，导致以食物通过缓慢、瘤胃臌胀、厌食和排出少量糊状粪便为特征的前胃和皱胃机能紊乱的一种综合征。为奶牛常发病。

支配前胃和皱胃的迷走神经干的任何一部位受损均会引起迷走神经性消化不良。由于瘤胃排空机能或嗳气障碍，故临床呈现出瘤胃间隙性或持续性臌胀；远端迷走神经受损则出现幽门梗阻和皱胃阻塞。

1. 病因

咽部及食道损伤所引起的迷走神经机能紊乱，这常见于兽医在诊治奶牛疾病时使用投药器具、胃管、磁铁、金属异物移取器等操作不规范。

创伤性损伤直接损伤腹侧迷走神经或因炎性反应及挤压作用影响迷走神经，如创伤性网胃腹膜炎、网胃脓肿、严重中毒性瘤胃炎、瘤胃淋巴肉瘤及肝脓肿等。

网胃或真胃远侧的前胃损伤所致的迷走神经性消化不良，如淋巴肉瘤及其他肿瘤、弥漫性腹膜炎、真胃穿孔、真胃脓肿、真胃右方扭转等。

此外，瘤胃和网胃的放线菌所致的肉芽肿，结核病时引起的结核结节及膈疝等，都可导致迷走神经性消化不良。

2. 发病机理

粗鲁地使用胃管、磁铁吸引器可造成食道撕裂、严重的蜂窝织炎和有关迷走神经的机能障碍。异物及肿瘤可能挤压食道或迷走神经，可引起嗳气障碍而发生慢性臌胀。网胃和真胃远端的前胃损伤种类很多，往往呈多发性，波及范围广，所引起的迷走神经消化不良可能是机械性和机能性障碍并存。真胃损伤多数病例出现瘤胃臌胀，特别是真胃扭转会牵引迷走神经干导致分布真胃、瓣胃和网胃小弯的大血管内出现血栓，出现排空障碍、心动过缓、臌胀等。

根据机能阻塞、臌胀和积食程度不同，可引起不同程度的脱水及低血氯、低血钾性碱中毒。皱胃内容物返流到网胃，加速破坏电解质及酸碱平衡。

3. 临床症状

本病呈亚急性或慢性病程。根据迷走神经损伤部位、瘤胃排空力和臌胀发生程度等的不同，其症状表现如下。

（1）瘤胃收缩增多性臌胀　病牛长时间食欲下降或不食，逐渐消瘦，中度至重度瘤胃臌胀。瘤胃收缩频率增加（3~6次/分钟），但蠕动微弱，不能将食物由瘤胃经网胃、瓣胃而推入真胃。滞留于瘤胃内被浸软的内容物，经持续的搅动出现泡沫，呈现泡沫性臌胀。直肠检查：

瘤胃臌胀以背囊明显，腹囊也增大。从后方观察增大的瘤胃，左上、下腹和右下腹隆起，外形呈"L"形。粪便量少，正常或呈糊状，心动缓慢，伴收缩性杂音。

（2）瘤胃收缩弛缓性臌胀　多发生于妊娠后期及产后母牛。瘤胃收缩减少至停止，食欲废绝，粪便量少呈糊状，瘤胃臌胀可堵住骨盆入口。病牛极度衰弱、消瘦，心动过快，卧地不起，营养不良而死亡。

（3）幽门梗阻和皱胃阻塞　多因远端迷走神经受损所致。发生于妊娠后期。病牛厌食或食欲废绝，排出少量糊状粪便。直肠检查能摸到臌胀的皱胃，坚实、臌胀而不含气体或液体。瘤胃蠕动停止，脉动加快，若皱胃破裂，病牛可在几小时内死亡。

4. 临床病理

由于致病原因不同，临床病理学的变化也不尽相同。若嗜中性白细胞增多、核左移及单核细胞相对增多，可能与创伤性网胃—腹膜炎有关；血液球蛋白升高预示存在网胃或肝胀肿；皱胃阻塞时，可有不同程度的低血氯、低血钾性碱中毒；怀疑淋巴肉瘤时，应进行牛白血病病毒琼脂免疫扩散试验，结果呈阳性。

5. 病理变化

病变发生在网胃前壁上，见胃壁与腹壁有广泛性的粘连，纤维性瘘管，管内存在异物或污灰色脓汁，表明胃发生过创伤性网胃—腹膜炎。

当有皱胃阻塞，幽门区有泥沙或细小的、未完全消化的纤维所阻塞，黏膜有溃疡。皱胃内充盈粗糙未消化的物质，与瘤胃中内容物相同。肠道空虚，粪便呈黑绿色黏糊状。

6. 诊断

本病诊断依据是亚急性或慢性病程；典型的腹部臌胀，瘤胃呈"L"形，心动过缓和糊状粪便。确切的诊断尚需确定原发性病因；如咽部创伤、食道撕裂、创伤性网胃炎、皱胃右方扭转等。对有些难以确诊的病例应采取直肠检查、剖腹探查术、瘤胃切开术、血液学、X线照相术及血清学检验。

左侧剖腹探查术和瘤胃切开术是诊断原发性迷走神经性消化不良的最有效方法，有助于确诊和预后。

7. 治疗

多数由原发病肿瘤、弥漫性腹膜炎、真胃右方扭转等导致的迷走神经性消化不良难以治愈，预后不良。有的即使采用剖腹探查或瘤胃切开术也不能确定病变的部位和范围，因此，治疗困难。临床上也多采取对症方法，缓解症状。

（1）手术治疗　对于有价值的病畜，若原发病因位于腹腔则有必要进行手术。手术前应进行静脉液体疗法，补充水分、电解质和纠正碱中毒。怀疑存在腹膜炎时需同时注射广谱抗生素。由于胃肠尚存在功能性排空障碍，应禁止经口补液或给药。出现低血钙时应注射钙剂，以补偿胃肠吸收减少和泌乳造成的损失。

左侧剖腹探查术和瘤胃切开术是诊断迷走神经性消化不良原发性疾病最有效的方法，不但有助于确诊和预后，而且能排空瘤胃内的积食，减缓臌胀，暂时减小瘤胃的重量及所承受的张力。术后瘤胃和网胃的压力感受器将恢复正常功能。若迷走神经损伤是可逆性的，则前胃将恢复正常的收缩功能。

进行左侧剖腹探查术检查时应尽可能完全、彻底。发现腹腔内或网胃周围存在广泛粘连应避免触动，防止炎症扩散和引起疼痛。腹腔探查结束后再行瘤胃切开术和排空积食。仔细检查前胃特别是网胃、贲门及瓣胃口，提起网胃黏膜检查脏层和壁腹膜是否粘连。通过瘤胃壁触诊真胃和瓣胃，这种方法能发现真胃或由穿孔性溃疡导致的粘连，是否存在由粘连引起的真胃或幽门移位。在中等体型的动物，可将手伸入瓣胃口检查瓣胃内部，有时能触及真胃内部。引起迷走神经性消化不良的网胃或肝脓肿大致位于网胃壁右侧中部。通常网胃脓肿与网胃壁紧密粘连，而肝脓肿则不然。存在大的网胃或肝脓肿触诊时似乎有 2 个瓣胃的感觉。脓肿通常位于瓣胃前方并挤压附近的脏器。若能肯定网胃脓肿与胃壁粘连，可经网胃壁切开脓肿将内容物引入网胃。当确诊存在肝脓肿需进一步治疗时，可从腹部腹侧做一引流。应有条不紊地检查网胃黏膜是否存在创伤性网胃腹膜炎、异物或肿瘤。发现纤维乳头瘤应予切除。触诊远侧食道以检查肿瘤或肉芽肿。前胃检查结束后瘤胃中放适量转宿物再闭合瘤胃和腹腔。如果存在以气体性臌气为特征的迷走神经性消化不

良，缝合前可置一瘤胃瘘管，直至原发性疾病消除。

（2）另外采取综合性治疗方法

① 洗胃法。瘤胃扩张，内充盈液体或粥样内容物时，可用内径25毫米胃管插入瘤胃内，并灌入1%盐水冲洗使之排空，以缓解瘤胃内压。

② 补充水分、电解质和纠正碱中毒。静脉注射5%葡萄糖生理盐水、林格氏液或生理盐水，以便纠正脱水。为纠正低钾血症，可静脉注射等渗的1.1%氯化钾溶液，并配合灌服液体石蜡油5~10升，连续3天。或用25%硫代丁二酸二辛钠120~180毫升，每日灌服一次，连续3天，反应良好。

③ 激素疗法。对临近分娩母牛，除静脉注射平衡电解质溶液外，同时可用地塞米松20毫克，一次肌内注射，促使产犊，有的牛分娩后，症状逐渐减弱而痊愈。

④ 抗菌、消炎。注射广谱抗生素如四环素、金霉素等。低血钙时应注射钙制剂。

8. 预防

从发病原因上看，本病主要由创伤性网胃—腹膜炎、中毒性瘤胃炎及肝脓肿等引起；从临床病例发生来看，本病在奶牛场内时有发生。由于病后诊断困难，药物治疗效果不明显，病程较长，预后不良，因此，要加强预防。本病的预防，着重经常性的饲养管理，特别是应注意饲料保管和调制。清除异物，以防迷走神经胸支和腹支受到损伤，保证牛群健康。

一方面，应严防尖锐异物混入饲料。在饲料堆放和加工过程中，进行金属异物的清除工作，防止尖锐异物随饲料被牛食入，减少创伤性网胃炎的发生。

另一方面，应供应平衡日粮。饲养奶牛时，注意日粮配合和精粗比例，防止片面追加精料，减少因过量增加精料而引起肝脓肿及真胃移位的发生。

（三）犊牛消化不良

犊牛消化不良是犊牛胃肠消化机能障碍的统称，系哺乳期犊牛较为常发的一种胃肠疾病。一年四季均可发生，以春季集中产犊牛时尤为多见，病的特征主要是明显的消化机能障碍和不同程度的腹泻。

犊牛消化不良，根据临床症状和疾病经过，通常分为单纯性消化不良和中毒性消化不良两种。单纯性消化不良（或称食饵性消化不良），主要表现为消化与营养的急性障碍和轻微的全身症状，中毒性消化不良，主要呈现严重的消化障碍和营养不良以及明显的自体中毒等全身症状。

犊牛消化不良，通常不具有传染性，但具有群发性的特点。因此在兽医临床上，犊牛消化不良应与由特异性病原体如轮状病毒病、冠状病毒病、细小病毒病、犊牛副伤寒、弯杆菌性腹泻、球虫病等引起的腹泻相鉴别。

1. 病因

据临床统计，犊牛消化不良的患病日龄，最早者可于出生后开始吮食初乳不久，或经 1~2 天后发病。到 2~3 月龄以后逐渐减少。由此可见，犊牛消化不良的发生，不仅与犊牛在胎儿发育期的条件，而且也与外界环境对犊牛机体的影响有关。因此，普遍认为对妊娠母牛的不全价饲养可影响胎儿在母体内的正常发育，乃系初生犊牛消化不良的先天性因素，对哺乳母牛和初生犊牛的饲养管理不当，卫生条件不良，乃属犊牛消化不良的后天获得性因素。

（1）母牛、特别是对妊娠母牛的不全价饲养，是引起犊牛消化不良的主要原因　妊娠母牛的饲养不良，特别是在妊娠后期，饲料中营养物质不足，尤其是蛋白质、维生素和某些矿物质缺乏时，可使母牛的营养代谢过程紊乱，结果使胎儿的正常发育受到影响。在这种情况下出生的犊牛必然发育不良、体质衰弱，吮乳反射出现较晚、抵抗力低下，极易罹患胃肠道疾病。

妊娠母牛的不全价饲养，除影响胎儿的正常发育外，还严重的影响母乳，特别是初乳的质量。营养不良的母牛初乳中蛋白（白蛋白，球蛋白）、脂肪含量低下，维生素、溶菌酶以及其他物质也缺少。且于产犊牛后较晚（经数小时）才开始分泌初乳，并很快（经 1~2 天后）即停止分泌。正常母牛初乳中，免疫球蛋白（γ-球蛋白）含量甚高，比一般母乳中高 75~100 倍。因而初乳，特别是头几个小时分泌的初乳是形成抗体的免疫球蛋白的丰富来源。所以当新生犊牛吃食不到初乳或初乳不佳时，极易引起消化不良。

哺乳母牛的饲喂不当，或当母牛罹患乳房炎以及其他慢性疾病时，可严重地影响母乳的数量和质量。此种母乳中通常含有各种病理产物和病原微生物，犊牛吃食后，极易发生消化不良。母乳中维生素，特别是维生素 A、维生素 B、维生素 C 不足或缺乏时，可影响犊牛的胃肠机能活动。当母乳中维生素 C 不足时，可减弱犊牛胃肠分泌机能；维生素 B 不足时，可使犊牛胃肠蠕动机能障碍，维生素 A 不足时，可导致消化道黏膜上皮角化。

（2）犊牛的饲养、管理及护理的不当，也是引起犊牛消化不良的重要因素

① 犊牛机体受寒或畜舍过于潮湿。初生犊牛对寒冷和潮湿的适应能力很弱，因为此期机体的体温调节机能尚不健全，对外界环境变化极为敏感。故当春、秋季节，气温剧烈变动时期，在保温不良与空气潮湿的牛舍内饲养的犊牛，最易发生消化不良。

② 卫生条件不良。卫生条件不良对犊牛消化不良，特别对中毒性消化不良的发生，具有重要的影响。如哺乳母牛乳头不洁，饲喂犊牛的乳汁或乳具不洁，饲槽、饲具污秽不洁，牛舍不清洁（牛栏、牛床久不清扫、不消毒，垫草长时间不更换致粪尿积聚而脏污等），从而增加了发病的机会。此外，牛舍通风不良，闷热拥挤，缺乏阳光，阴暗潮湿等，均可促进本病的发生。

③ 初生犊牛的饲喂不当。吃食初乳过晚，可使犊牛因饥饿而舔食污物，致使肠道内乳酸菌的活动受到限制，乳酸缺乏，结果肠内腐败菌大量繁殖，从而破坏对乳汁的正常消化作用。人工哺乳的不定时、不定量，乳温过高或过低，可妨碍消化腺的正常机能活动，抑制或兴奋胃肠分泌和蠕动机能，而引起消化机能紊乱，导致发病。

④ 哺乳期犊牛的补料不当。哺乳期犊牛的胃肠消化机能尚不健全，仅适应于对母乳的消化。故哺乳期的犊牛，由母乳改向饲料过渡时，只能消化少量的易于消化的饲料，因而在开始补料时，所补给的饲料在质量上或调制上，如不适当则犊牛的胃肠道易受刺激而发生消化不良。

至于中毒性消化不良的病因，多半是由于对单纯性消化不良的治疗不当或不及时，致肠内发酵、腐败产物所形成的有毒物质被吸收或是微生物及其毒素的作用而引起机体中毒的结果。此外，遗传因素和应激因素对犊牛消化不良的发病，也具有一定作用。

2. 发病机制

犊牛消化不良的发病机制较为复杂，主要与犊牛胃肠道的生理解剖特点有关。

犊牛出生后的一段时间，大脑皮层的活动机能尚不健全，神经系统的调节作用也不精确，消化器官的发育很不完全，机能也不完善。此期犊牛的胃液酸度很低，酶的活性也弱，故消化能力弱，杀菌作用不强。此外，肠黏膜柔嫩极易损伤，血管丰富，渗透性强，致肠内毒素易被吸收，且肝脏的屏障机能微弱，使许多毒物不能被中和解毒。所以，初生犊牛的胃肠，只能适应对初乳和母乳的消化，而对其他营养物质（饲料）的消化能力很差。

如果犊牛在胎儿期由于营养不良而发育不全时，则胃肠的适应和消化能力更为低下。此时即使是极轻微的外界不良刺激，也可引起严重的消化紊乱。因此，当犊牛机体遭受上述各种不良因素的作用时，则破坏了哺乳犊牛的消化适应性。这时犊牛胃液的酸度与酶的活性更为低下。故母乳或饲料进入胃肠后，不能进行正常的消化作用，而发生异常分解。此等分解不全产物以及发酵所形成的低级有机酸积聚于肠道内，刺激肠壁使肠蠕动增强，同时也改变了肠内容物的氢离子浓度，从而为肠道微生物群的繁殖创造了良好的环境（主要是大肠杆菌）。结果在肠内容物的消化过程中，由于大量微生物的参与，致使不全分解产物与发酵产物的生成更加增多。

由于发酵、腐败产物以及细菌毒素对肠黏膜感受器的协同刺激，致肠道的分泌、蠕动和吸收机能障碍而发生腹泻。腹泻使机体丧失大量水

分和电解质，引起机体脱水、血液浓缩、循环障碍，进而影响心脏的活动机能。

由于肠内异常发酵、腐败的分解不全产物以及细菌毒素通过幼嫩易损且通透性较强的肠黏膜吸收后，进入血液，经门脉而达肝脏，破坏肝脏屏障和解毒机能而发生自体中毒，于是引起了中毒性消化不良。肠内毒素及毒物进入血液循环，直接刺激中枢神经系统，使中枢神经系统机能紊乱。患病犊牛呈现精神沉郁、昏睡、昏迷、兴奋、痉挛等神经症状。

3. 病理变化

消化不良犊牛的尸体消瘦，皮肤干燥，被毛蓬松，眼球深陷，尾根及肛门部位湿润，并被粪便污染。

胃肠道见有卡他性炎症病理变化，黏膜充血潮红，轻度肿胀，表面覆有黏液，中毒性消化不良时，浆膜、黏膜见有出血变化。

实质器官见有脂肪变性：肝脏轻度肿胀，变性且脆弱；心肌弛缓，心内、外膜有出血点；脾脏及肠系膜淋巴结肿胀。

4. 症状

犊牛消化不良的主要临床特征是腹泻。

（1）单纯性消化不良　患病犊牛精神不振，喜躺卧，食欲减退或完全拒乳，体温一般正常或低于正常。腹泻，粪便的结构和颜色是多种多样的。开始时，多呈粥样稀便，以后则呈水样的深黄色，有时呈黄色，也有时呈粥样的暗绿色。

此外，粪便带酸臭气味，且混有小气泡及未消化的凝乳块或饲料碎片。肠音高朗，并有轻度臌气和腹痛现象。心音增强，心搏增速，呼吸加快。持续腹泻不止时，由于组织、细胞缺水则皮肤干皱且弹性降低，被毛蓬乱失去光泽，眼球凹陷。严重时，站立不稳，全身战栗。

（2）中毒性消化不良　犊牛精神沉郁，目光迟呆，食欲废绝，全身衰弱无力，躺卧于地，头颈伸直且向后仰，严重腹泻，频排水样稀便，粪内含有大量黏液和血液，并呈恶臭或腐臭气味。持续腹泻时，则肛门松弛，排粪失禁。皮肤弹性降低，眼球明显凹陷。心音混浊，心跳加快，脉搏细弱，呼吸浅表急速，病至后期，体温多突然下降，四肢及耳尖、鼻端厥冷，终至昏迷而死亡。

粪便中有机酸及氨含量的变化：单纯性消化不良时，粪便内由于含有大量低级脂肪酸，故多呈酸性反应。中毒性消化不良时，由于肠道微生物的作用致使腐败过程加剧，粪便内氨的含量显著增加。

5. 病程及预后

犊牛消化不良，一般多呈急性经过。

单纯性消化不良犊牛，如给予及时、正确的治疗，一般预后良好。反之，如病因未除且延误治疗时，则病情急剧恶化，可转为中毒性消化不良。

中毒性消化不良病牛，症状重剧，发展迅速。如治疗不及时，多于1~5天内死亡，故预后多不良。

预后主要根据畜龄的大小、抵抗力的强弱、并发病的有无以及护理的情况而不同。一般患病犊牛日龄越小，病的经过越急，预后越不良；日龄较大的犊牛，当转为慢性过程时，多因机体衰弱，或继发其他疾病而死亡。经治疗后，恢复健康的犊牛，多半生长发育迟滞，增重缓慢。

6. 诊断

犊牛消化不良，主要根据病史、临床症状、病理解剖变化以及病牛肠道微生物群系的检查进行诊断。

此外，对哺乳母牛的乳汁，特别是初乳的质量进行检验分析（可消化蛋白、脂肪、酸度等），有助于本病的诊断。

必要时，应对患病犊牛进行必要项目的血液化验和粪便检查，所得结果可作为综合诊断的参考。

7. 治疗

鉴于犊牛消化不良的病因是多方面的，故对本病的治疗，应采取包括食饵疗法、药物疗法及改善卫生条件等措施的综合疗法。

① 首先，应将患病犊牛置于干燥、温暖、清洁，单独的畜舍或畜栏内，改善卫生条件。其次要加强饲养，注意护理，维护心脏血管机能，改善物质代谢，抑菌消炎，防止酸中毒，制止胃肠的发酵和腐败过程。

② 为恢复胃肠功能可给予帮助消化的药物，如含糖胃蛋白酶 8 克，

乳酶生 8 克，葡萄糖粉 30 克混合制成舔剂，每天分 3 次内服，临用时每次加入稀盐酸 2 毫升，或山楂 15 克，陈曲 15 克，麦芽 15 克，鸡内金 9 克，上四味炒黄研粉，加呋喃西林 0.2~0.4 克，葡萄糖粉 30 克，混合成舔剂，每天 3 次内服，嗜酸菌乳对犊牛消化不良有良好效果，可按体重每千克 2 克，每天 2~3 次内服。萨罗具有消毒作用，当粪便具有腐败臭和泡沫时可以应用。

③ 为缓解胃肠道的刺激作用可施行饥饿疗法。即令患畜绝食（禁乳）8~10 小时，此时可饮以生理盐酸水溶液（氯化钠 5 克，33% 盐酸 1 毫升，凉开水 1 000 毫升），或饮以温茶水（红茶）250 毫升，每天 3 次。

④ 为排除胃肠内容物，对腹泻不甚严重的病牛，可应用油类或盐类缓泻剂，亦可施行温水灌肠。清除胃肠内容物后，为维持机体营养，可给予稀释乳或人工初乳（鱼肝油 10~15 毫升，氯化钠 10 毫升，鲜鸡蛋 3~5 个，鲜温牛乳 1 000 毫升，混合搅拌均匀），每次饮用 1 000 毫升，每天喂饮 5~6 次。

⑤ 为促进消化可给予胃液、人工胃液或胃蛋白酶。胃液可采自空腹时的健康牛。犊牛剂量 30~50 毫升，每天 1~3 次，于喂饲前 20~40 分钟给予。为预防目的，可于出生后 2 小时内给予。人工胃液（胃蛋白酶 10 克，稀盐酸 5 毫升，常水 1 000 毫升。亦可添加适量的维生素 B 或维生素 C），剂量为 30~50 毫升灌服。胃蛋白酶，最好采自真胃内的酶制成。干燥后，每 2~3 克溶于 500 毫升凉开水中，代替牛乳给犊牛饮用。如无干燥的胃蛋白酶时，亦可应用液体酶。此外，也可内服药用胃蛋白酶。或服用溶菌酶、嗜酸菌乳，嗜酸菌肉汤培养物。

⑥ 为防止肠道感染，特别是对中毒性消化不良的犊牛，可选用抗生素进行治疗。一般多应用后列药物。链霉素，首次量 1 克，维持量 0.5 克，间隔 6~8 小时，灌服一次，新霉素，日剂量 2~3 克；每日 3~4 次，内服。卡那霉素，按 0.005~0.01 克 / 千克，内服。呋喃类和磺胺类药物中，多应用磺胺脒，首次量 2~5 克，维持量 1~3 克，每日 2、3 次，内服。也可选用磺胺甲基异噁唑（SMZ），酞磺胺噻唑（PST）。或应用甲氧苄胺嘧啶与磺胺嘧啶合剂（TMP-SD）、甲氧苄胺嘧啶与磺胺

甲基异噁唑合剂（TMP-SMZ），内服。

⑦ 为制止肠内腐败、发酵过程，除应用磺胺药和抗生素外，也可适当选用乳酸、鱼石脂、萨罗、克辽林等防腐制酵药物。对持续腹泻不止的犊牛，可应用明矾、鞣酸蛋白、次硝酸铋、矽碳银、颠茄酊（或流浸膏），内服。

⑧ 为防止机体脱水，保持水盐代谢平衡。病初，可给犊牛饮用生理盐水 500 毫升；每日饮用 5~8 次。亦可应用 10% 葡萄糖溶液或 5% 葡萄糖氯化钠溶液，剂量 100~300 毫升。静脉或腹腔注射。

⑨ 对犊牛消化不良的静脉输液多应用 40% 葡萄糖注射液 60 毫升，0.9% 氯化钠注射液 200 毫升，1%~3% 碳酸氢钠注射液 100 毫升的混合液，每日静脉注射 2~3 次，疗效显著。或应用由蒸馏水 1 000 毫升，氯化钠 8.5 克，氯化钾 0.2~0.3 克，氯化钙 0.2~0.3 克，氯化镁 0.2~0.25 克，碳酸氢钠 1 克，葡萄糖粉 10~20 克，安钠咖 0.2 克，青霉素 30 万 ~50 万单位组成的平衡液，静脉注射。首次量 1 000 毫升，维持量 500 毫升（应注意制备此液时碳酸氢钠和青霉素不宜煮沸）。

⑩ 为促进和保护机体代谢机能，可施行血液疗法。10% 枸橼酸钠贮存血或葡萄糖枸橼酸盐血（由血液 100 毫升，枸橼酸钠 2.5 克，葡萄糖 5 克，灭菌蒸馏水 100 毫升，混合制成），剂量按 3~5 毫升 / 千克，每次可增量 20%，间隔 1~2 日，皮下或肌内注射一次，每 4~5 次为一疗程。

⑪ 枸橼酸保存血与维生素 (浓缩)A 及 D 联合应用，对犊牛消化不良具有良好的防治作用。其剂量为保存血 25~100 毫升，维生素 A 10 万单位，维生素 D 5 万单位，肌内注射。

中药疗法报道甚多，其中疗效较为显著者为白苦汤、白龙散、黄金汤等。

8. 预防

犊牛消化不良的预防措施，主要是改善饲养，加强护理，注意卫生。保证妊娠和哺乳母牛正常的饲养管理，蛋白质、脂肪、糖类饲料应按适当的比例配合，并加喂矿物质、维生素饲料，给予适当的户外运动和阳光照射。

（1）加强妊娠母牛的饲养管理

① 保证母牛以充足的营养物质，特别是在妊娠后期，应增喂富含蛋白、脂肪、矿物质及维生素的优质饲料。

② 母牛饲料组成应包括有适量的胡萝卜，或自分娩前两个月开始，应用维生素 A、维生素 D 注射液，肌内注射，每 5 天一次。

③ 妊娠母牛的日粮中也必须补给微量元素。其配方是：氯化钴 11.5 克、硫酸铜 1.62 克、氯化锰 235.6 克、硫酸铁 1.625 克混于 10 升水中，每日饮喂 100 毫升。

④ 改善妊娠母牛的卫生条件，经常刷拭皮肤。对哺乳母牛应保持乳房的清洁并给以适当的舍外运动，每天不应少于 2~3 小时。

（2）注意对犊牛的护理　防止舐食脏物以及不洁饮水，防止吃食母粪，母牛乳房要经常清洗，保持清洁，犊牛给予适当的运动和阳光照射。

① 使新生犊牛能尽早地吃食到初乳，最好能在生后 1 小时内吃到初乳。对体质孱弱的犊牛，初乳应采取少量多次人工饮喂的方式。

② 母乳不足或质量不佳时，可采取人工哺乳。人工哺乳应定时、定量，保持适宜温度。

③ 牛舍应保持温暖，干燥，清洁，防止犊牛受寒感冒。牛舍及牛栏应定期消毒，垫草应经常更换，粪尿应及时清除。

④ 犊牛的饲具，必须经常洗刷干净，并定期消毒。

二、瘤胃臌气

瘤胃臌气是因前胃神经反应性降低，收缩力减弱，采食了容易发酵的饲料，在瘤胃内菌群的作用下，异常发酵，产生大量气体，瘤胃和网胃内积聚大量发酵气体，引起过度膨胀。瘤胃臌胀，依其病因，有原发性和继发性之分；按其经过，则有急性和慢性之分；从其性质上看，又有泡沫性和非泡沫性之分。

（一）病因

1. 原发性臌气

通常多发生于牧草旺盛的夏季，饲喂过多豆科植物或容易发酵含水量多的青草，如吃食未成熟、长得快的豆科牧草、谷类作物、油菜、甘蓝、豌豆、黄豆等以及高蛋白的幼嫩青草可引起。此外，饲喂过碎的谷类饲料不当时，使瘤胃 pH 值发生改变，适宜一些产气微生物的繁殖。在这些条件下，瘤胃内较快地产生小气泡，不能融合在一起，形成泡沫性臌气。

2. 继发性臌气

在食道梗阻或食道受到肿胀物压迫发生嗳气受阻，如膈疝、感染破伤风时可继发此病。当前胃弛缓、酸中毒、皱胃、肠道变位时，在全身性炎症或乳房炎、子宫炎及中毒或其他疾病时，阻碍了前胃运转功能，也可继发瘤胃臌气。慢性瘤胃臌胀还可发生于长期饲喂高水平谷类饲料造成反刍异常的奶牛，6 个月龄以上犊牛因消化不良等常伴发此病。

（二）症状

不管是哪种性质的臌胀，左侧肷部膨胀、不安、呼吸困难是最突出的症状，急性和最急性的常因治疗不及时而死亡。

1. 原发性臌胀

原发性臌胀虽然整个腹部都增大，但以左上腹肋部最明显。初期表现不适、频频起卧、蹴踢腹部、呼吸显著困难，每分钟达 60 次以上，并伴有张口呼吸、伸舌、流涎、头颈伸直，偶尔发生喷射状逆呕和肛门挤出稀粪。初期瘤胃蠕动增加，但蠕动音不高，发病初期尚有嗳气和反刍，但在瘤胃臌胀后，瘤胃蠕动音减弱或完全消失，嗳气、反刍废绝，叩诊产生特征性的鼓音。原发性臌胀，病程较短，一般在出现症状后3~4 小时可死亡，死前虚脱，几乎无任何挣扎。如用套管针穿刺或胃管排气，只能放出少量气体，且管子常被泡沫物堵塞。

2. 继发性臌胀

最常见于前胃弛缓，如创伤性网胃炎、食道阻塞、痉挛和麻痹、迷

走神经胸支或腹支损伤、纵膈淋巴结肿胀或肿瘤、瘤胃与腹膜粘连、瓣胃阻塞、膈疝或前胃内存有泥沙、结石或毛球等，都可引起排气障碍，致使瘤胃壁扩张而发生膨胀。继发性臌胀通常在瘤胃内容物上方有大量游离性气体，通过胃管或插入套管针，能排出大量气体。随后，臌胀部下陷，如因食道梗阻或食道受压迫，通过胃管时受阻。

（三）诊断

诊断并不困难，但首先要确定急性还是慢性，原发性还是继发性。急性和最急性病例往往必须先紧急对症治疗。原发性臌胀凭病史和症状就能做出诊断，而继发的病因复杂、症状各异，必须经系统检查，才能确诊。如食道探查可了解有无阻碍和梗死；膈疝有呼吸困难、心脏移位及收缩杂音；破伤风有其特征性征兆；创伤性网胃炎有慢性消化不良及间隙性慢性臌胀等病史，这些都需作相应的检查后确定诊断。

（四）防治措施

瘤胃臌气发病迅速、急剧，必须及时抢救，防止窒息。治疗原则是：及时排出气体，制止瘤胃内容物继续发酵，理气消胀，健胃消导，强心补液，适时急救。治疗措施包括缓解臌胀和消除病因。低血钙引起的气体性臌气病例在实施胃管放气的同时注射钙制剂。伴有臌气的消化不良需胃管放气并给予钙剂、轻泻剂、制酸剂和促反刍剂。食道阻塞的病例需人工或器械轻柔操作，消除阻塞。存在原发性局灶性腹膜炎的动物应给予抗生素，减少活动并实施磁吸铁器或瘤胃切开术（取金属异物），调整日粮（穿孔性真胃溃疡）。怀疑有咽损伤时应给予广谱抗生素和止痛药，插入胃管时动作要轻柔。

插入胃管对急性泡沫性臌气极少有效，但此法有助于诊断，可同时给予表面活性剂如聚羟亚烃（浓缩型口服剂）或植物油以消除泡沫。有些病例使用大口径胃管可能缓解臌胀。为加速瘤胃排空，可给予促反刍—轻泻—制酸合剂（温水送服）并注射钙剂。

除极严重的病例急需缓解臌胀外，一般应避免给患急性臌气的奶牛行瘤胃穿刺术。套管针穿刺会导致腹膜炎，可能是致命的。术后动物可能出现发热和腹膜炎症状（包括瘤胃臌气），影响对原发病的诊断。

1. 急性和最急性病例

必须采取急救措施，如瘤胃穿刺术（图5-26）或切开术，泡沫性臌气还须给予制酵剂，如植物油、矿物油及一些表面活性剂。

瘤胃穿刺是用套管针直接穿刺瘤胃，既要动作迅速，又要操作严密。牛站立保定，术部在左腰肠管外角水平线中点上。术部剪毛，皮肤碘酊消毒，套管针应煮沸消毒或以75%酒精擦拭。手术刀切开皮肤1~2厘米长后，套管针斜向右前下方猛力刺入瘤胃到一定深度拔出针栓，并保持套管针一定方向，防止因瘤胃蠕动时套管离开瘤胃，损伤瘤胃浆膜造成腹腔污染。当泡沫性臌气时，泡沫和瘤胃内容物容易阻塞套管，用针栓上下捅开阻塞，有必要时通过套管向瘤胃内注入制酵剂（1%~2%甲醛溶液或松节油等）。拔出套管针时，先插入针栓，一手压紧创孔周皮肤，另一手将套和针栓一起迅速拔出。拔出后，以一手按压创口几分钟，将手释去，皮肤消毒，必要时，切口作1~2针缝合。

图5-26　牛瘤胃穿刺术部位

药物治疗的目的是消除臌气。原发性消除泡沫，继发性是消除瘤胃弛缓、食道阻塞等原发病。可用松节油30~60毫升，鱼石脂10~15克，加酒精30~40毫升，或石蜡油或豆油等植物油200~300毫升加适量清水，充分震荡后灌服。

2. 严重病例

对臌气严重、有窒息危险的则应采取急救措施，可用胃管放气，或用套管针穿刺放气，穿刺部位选择在左侧腹壁的上部，即兽医所讲的六脉（位于髋结节与最后肋骨连线的中点），将针向右肘方向刺入，刺入后抽出针芯。为了防止再度发酵，宜用鱼石脂 15~25 克，95% 酒精 100 毫升，常水 1 000 毫升，牛一次内服或从套管针内注入 5%~10% 生石灰水或 8% 氧化镁溶液，或者稀盐酸 10~30 毫升，加适量水。此外在放气后，用 0.25% 普鲁卡因溶液 50~100 毫升将 200 万 ~500 万单位青霉素稀释，注入瘤胃，效果很好。如有条件，可在放气后接种健康牛瘤胃液 3~6 升，效果更佳。值得注意的是，无论哪种放气，都不宜过快，以防止血液重新分配后引起大脑缺血而发生昏迷。在牧区牧民通常是用刀子放气，目的是暂时不发生死亡，回到家中再屠宰。

3. 非泡沫性臌胀

除穿刺放气外，宜用稀盐酸 10~30 毫升，或鱼石脂 10~25 克，酒精 100 毫升，常水 1 000 毫升；也可用生石灰水 1 000~3 000 毫升灌服。放气后，用 0.25% 普鲁卡因溶液 50~100 毫升、青霉素 100 万单位，注入瘤胃，效果更为理想。

4. 泡沫性臌胀

以消泡、消胀为目的，宜用表面活性药物，如二甲基硅油等；在临床常常用下列配方：豆油、花生油、菜籽油用量一般 250~500 毫升，二甲基硅油（即消胀片）30~60 片（每片含 15 毫克），松节油 30~60 毫升，鱼石脂 10~20 克，酒精 30~40 毫升，配成合剂应用，对泡沫性和非泡沫性臌气都有较好的效果。对于泡沫性臌气，放气效果不明显，可用长的针头向瘤胃内注入制酵剂或抗生素，如松节油、青霉素等。

5. 中药疗法

兽医称瘤胃臌胀为气胀病或肚胀。治以行气消胀，通便止痛为主。

（1）牛用消胀散　炒莱菔子 15 克，枳实、木香、青皮、小茴香各 35 克，玉片 17 克，二丑 27 克，共研为末，加清油 300~500 毫升，大蒜 60 克（捣碎），水冲服。

（2）木香顺气散　木香 30 克，厚朴、陈皮各 10 克，枳壳、藿香各 20 克，乌药、小茴香、青果（去皮）、丁香各 15 克，共为末，加清油 300~500 毫升，水冲服。

（3）针治　针刺脾俞、百会、苏气、山根、耳尖、舌阴、顺气等穴。在农村、牧区紧急情况下，可用醋、稀盐酸、大蒜、食用油等内服，具有消胀和止酵作用。另外用大戟 20 克、莞花 20 克、甘草 30 克、甘遂 20 克、三棱 40 克、莪术 40 克、厚朴 36 克、枳实 40 克、大黄 80~100 克、芒硝 150~200 克，共研为末，加植物油 1 000~2 000 毫升，一次灌服。

6. 其他解除气胀的简易办法

病的初期，对病情较轻的病例，使病畜头颈抬起，适度按摩腹部，可促进瘤胃内气体的排出。同时用松节油 20~30 毫升，鱼石脂 10~15 克，95% 酒精 30~50 毫升，加适量的水内服，具有消胀作用，也可用大蒜酊。有人用小木棒（最好是椿木）涂擦松馏油或食盐，横衔于口中，两端用绳子固定于角根后部，将病畜牵拉于斜坡上，前高后低，使之不断咀嚼，促进嗳气，促进唾液的分泌，也可拉舌运动，左腹按摩。如徒手打开口腔牵拉牛舌，口中衔入木棒或在棒上、鼻端涂些鱼石脂，促进其咀嚼和舌的运动，增加唾液分化，以提高嗳气反射，促进排气。

为了排出瘤胃内易发酵的内容物，可用盐类或油类泻剂，如硫酸镁、硫酸钠 400~500 克，加水 8 000~10 000 毫升内服，或用石蜡油 1 000~1 500 毫升内服，也可用其他盐类或油类泻剂。为了增强心脏机能，改善血液循环，可用咖啡因或樟脑油。根据临床经验，无论是哪种臌气，首先灌服石蜡油 800~1 000 毫升，对消气可收到良好的效果。在临床实践中，应注意调整瘤胃内容物的 pH 值，可用 2%~3% 的碳酸氢钠溶液洗胃或灌服。当药物治疗效果不显著时，应立即施行瘤胃切开术，取出内容物。此外因慢性瘤胃臌气多为继发性瘤胃臌气，因此，除应用急性瘤胃臌气的疗法缓解臌气症状外，必须治疗原发病。

（五）预防

只要避免动物摄食致病性的饲草即可防止本病的发生，如不要突然到生长有茂盛苜蓿的草地上放牧，逐渐饲喂多汁牧草，预饲整株干草，向草地上喷洒表面活性剂，甚至简单地让畜群避开危险的地段。

在春季，放牧前 1~2 周，给一些青干草或粗饲料或作物秸秆，然

后放牧或青饲或先放入贫瘠的草地，逐渐过渡，在幼嫩多汁的草地放牧应小心限量饲喂。清明节前后放牧，应注意堆积发酵或淋湿的青草尽量少喂。注意饲草的保管，防止霉败变质；加喂精料应适当限制，特别是甘薯等，更不易突然多喂；采食后不要直接饮水，也可在放牧中备用一些预防器械（如套管针等）。

目前预防奶牛瘤胃臌气成功的唯一方法是用油和聚乙烯等阻断异分子的聚合物每天喷洒草地或制成制剂每日灌服两次，对放牧肉牛的唯一安全预防方法是在危险期间，每天喂一些加入表面活化剂的干草，将不引起臌气的粗饲料至少以10%的含量掺入谷物日粮中以及不饲喂磨细的谷物，在预防肥育动物的臌气中已经取得了较好的效果。

三、瘤胃酸中毒

瘤胃酸中毒是由于大量饲喂碳水化合物，于瘤胃内产生大量乳酸而使瘤胃 pH 值下降的一种全身代谢紊乱疾病。其临床特征是一种特殊类型的瘤胃阻塞，又称瘤胃化学性酸中毒或瘤胃酸中毒。

（一）病因

常见原因是突然采食大量富含碳水化合物饲料，特别是加工、粉碎的谷物，如小麦、玉米、大麦、高粱、谷子等。被反刍动物采食后，在瘤胃微生物的作用下，产生大量乳酸而中毒（图5-27）；过量采食甜

图5-27 瘤胃黏膜充血、出血

菜或发酵不全的酸湿酒糟、嫩玉米等造成；有时可能为提高产奶量，而过多饲喂谷类饲料及其加工的副产品如生面粉、糖渣、酒糟等也可引发瘤胃酸中毒。

牛采食大量容易高度发酵的饲料后，在 2~6 小时内瘤胃微生物区会产生显著变化，产生大量乳酸，使瘤胃渗透压升高，引起血液浓缩而脱水。一部分乳酸被瘤胃缓冲，但大部分被胃壁和肠道吸收进入血液。进入血液的乳酸部分被机体氧化，但过多的乳酸可引起机体酸中毒。高浓度乳酸引起一些真菌繁殖而发生瘤胃炎甚至广泛的坏死，继而引起腹膜炎，损害腹腔中的内脏器官，引起整个消化道的弛缓和毒血症。

反刍兽过食豆类的发病机理，涉及瘤胃中蛋白质发酵作用。由于瘤胃和血液氨浓度升高，导致兴奋和感觉过敏及碱中毒。由于血液酮体积聚，又可导致代谢性酸中毒。

（二）症状及诊断要点

轻度过食，偶尔有腹痛、厌食，但精神尚好。通常拉稀便或腹泻，瘤胃蠕动减弱，可以几天不见反刍。一般 3~4 天，不经治疗可以自愈。

大量过食的重病牛，经 24~48 小时可能就卧地不起。有些病牛走路摇摆不定，一些牛可安静站立，食欲废绝，不饮水。体温在正常以下（36.5~38.5℃），心跳次数增加，伴有酸中毒和循环衰竭时更加快。一般来讲，心率每分钟在 100 次以内的病牛比每分钟达 120~140 次的治疗效果好，呼吸快浅，每分钟 60~90 次。几乎都有腹泻，如无腹泻是一种不好的预兆，粪便色淡，有明显的甘酸味，早期死亡的粪便无恶臭。过食谷类时，粪中有未消化的谷粒、麦子、黄豆等，还可见已发芽的麦粒。24~48 小时开始脱水，并且是逐渐加重的。作瘤胃触诊时，可感内容物坚实和面团样，但吃得不太多时有弹性或有水样内容物，听诊可听到较轻的流水音。重病牛走路不稳，呈醉步，视力减退，冲撞障碍物，眼睑保护反射迟钝或消失，可发生蹄叶炎。慢性蹄叶炎可发生在发病后几周到几个月之后。急性病例发现无尿，随输液治疗而出现排尿是一种好现象。

经 48 小时之后，卧地不起，如安静躺卧，把头转向腹肋部，对刺

激反应明显降低，往往是预后不好的表现，常可在 1~3 天死亡。因此，必须紧急治疗。如果病情有缓和，可见心率下降，体温回升，瘤胃开始蠕动，有大量软便排出。有些病牛病情好转后 3~4 天又转严重，因严重的瘤胃炎和腹膜炎而死亡。有些重症怀孕母牛，如果尚能存活，可能在 10 天到 2 周后发生流产。

有采食或偷食过量谷物类饲料、大量块根水果类的事实，根据临床症状即可确诊。为防误诊，可将胃内容物、血、尿作实验室诊断，检查其 pH 值。如发生在即将分娩时，还需和生产瘫痪相区别。

（三）防治措施

1. 治疗原则

纠正瘤胃和全身性酸中毒，防止乳酸进一步产生；恢复失去的体液和电解质，维持循环血容量；恢复前胃和肠管的正常运动力。

轻症病例常可自行恢复，有些病例投服生理盐水或碳酸氢钠就可以。但重症已倒卧在地，精神沉郁，体温偏低，瘤胃显著膨胀，心率每分钟 110~130 次，瘤胃 pH 值为 5 或更低的病牛，最好作瘤胃切开，排出瘤胃内容物，再用 10% 的碳酸氢钠冲洗瘤胃并投入干草或健康牛的瘤胃内容物（为原量的 1/3 或 1/2）。但有些严重恶化的病例，作切开无望恢复的也可立即屠宰。

2. 纠正全身性酸中毒

在调整瘤胃液 pH 值之前，先将瘤胃内容物尽量清洗排出，再投服碱性药物—碳酸氢钠（300~500 克）、氧化镁（500 克）以及碳酸钙（200 克）等，每天 1 次，必要时间隔 1~2 天后再投服。为了恢复瘤胃内微生物群活性，可投服健康牛瘤胃液 5~8 升（移植疗法），这对一般病牛都有治疗效果。在补碱时，应根据血清二氧化碳结合力来确定补碱量。一般用 5% 静脉注射碳酸氢钠 5 000 毫升（按每 450 千克体重计），以后 6~12 小时内重复注射碳酸氢钠等渗液（1.3%）150 毫升／千克（按体重计）。

3. 解除脱水和恢复电解质平衡

静脉注射生理盐水或复方生理盐水（3 000~4 000 毫升），适当加碳酸氢钠、安钠咖和维生素 C。在恢复过程中，可考虑小剂量多次给予拟胆碱类，促进瘤胃运动的恢复。在并发蹄叶炎时，可皮下注射抗组胺药。

重型病牛经上述治疗效果不大时，可行瘤胃切开术，将其内容物直接取出大半后再投服健康牛瘤胃内容物，疗效较明显。

针对病因，以促使乳酸加速分解为目的，可皮下注射维生素 B 制剂 100~300 毫克 / 日；为促进乳酸的排泄，可静脉注射硼酸葡萄糖酸钙溶液 300~500 毫升 / 日；为抑制发酵产酸过程，宜从速服用广谱抗生素。

4. 对症疗法

应酌情使用抗组胺药物、肾上腺皮质激素和维生素 C 等。

（四）预防

主要对策是加强饲养管理，合理调制加工饲料，正确组合日粮，严格控制谷物精料的饲喂量，防止偷食精料。严格禁止饮用污秽的水，不要过饲蛋白质富有的饲料以及腐败变质的豆科牧草等。

首先停饲构成该病病因的饲料，改饲含粗纤维素的青、干牧草，针对本病的直接致死原因—瘤胃酸中毒和机体脱水性循环障碍给予合理的抢救性治疗，如应用 5%~10% 碳酸氢钠溶液 3~5 升或与生理盐水等渗葡萄糖溶液等混合静脉注射，效果较好。

必要时添加适量糖浆、蜂蜜等混饲。有效地控制精、粗饲料的搭配比例，一般以精饲料占 40%~50%、粗饲料占 50%~60% 为宜。肥育牛群饲喂精饲料的量宜逐渐增加，一般从 8~10 克 / 千克体重开始，经过 2~4 天后增加到 10~12 克 / 千克体重，较为安全。在奶牛的饲料中，粗纤维量宜占干物质的 18%~20%；在肥育肉牛的饲料中，粗纤维以占其干物质的 14%~17% 为宜。

实践证明在肥育肉牛饲喂谷类饲料以前，先移植已适应精饲料的健康牛的瘤胃液，然后再饲喂含淀粉饲料 21 天，即可杜绝瘤胃酸中毒的发生。

四、创伤性网胃炎

创伤性网胃炎，是由于随草料吞咽尖锐的金属异物，刺伤网胃而引起网胃的炎症。临床上以网胃区疼痛，消化障碍，间歇性膨气等为特征。常见于城市奶牛。

（一）病因

主要是由于误食混入饲料中的铁钉、铁丝、发针、缝针等尖锐的金属异物，异物进入网胃后，由于网胃的体积小，强力收缩时，容易刺伤、穿透网胃壁，从而发生网胃炎，甚至损伤其他脏器，引起其他脏器的炎症。牛采食迅速，不经细嚼即吞咽。同时，口黏膜对机械性刺激敏感性差，舌、颊黏膜有朝后方向的乳头等，因此，极易将混在饲料中的铁钉，铁丝，铁片，缝针等异物，囫囵吞下，进入网胃，在网胃的强力收缩下，可能刺伤或穿透网胃壁，而伤及邻近器官和组织。若网胃中的尖锐异物，仅刺伤网胃，则引起创伤性网胃炎，若尖锐异物穿透网胃壁、横膈膜，并伤及心包膜时，便成为创伤性网胃—心包炎。

另外，在腹内压增高的情况下，如瘤胃积食，臌气，妊娠后期，分娩，奔跑、跳沟、突然摔倒等，均易促进本病的发生。

（二）发病原理

牛误食坚硬异物后，随草料进入瘤胃中的异物，因瘤胃体积大，随食物移动不易损伤胃壁，有的常可停留于瘤胃内很久，逐渐被氧化分解，变为无害。当金属异物随食物转移到网胃后，即有可能造成创伤性网胃炎，或创伤性网胃—心包炎。这是由于沉重金属异物沉于网胃中，同时网胃的体积小，收缩力强，因此，在具有一定长度的尖锐金属异物进入网胃后，借助于网胃强有力的收缩，体积变小（前、后壁的距离7~10厘米）时，网胃壁作为尖锐物一端的支点，另一端（尖锐的一端）便刺伤或穿透网胃壁伤及邻近器官或组织。损伤的过程，可能是一次网胃收缩完成的，也可能是逐次深入完成的。

进入网胃内的金属异物，可损伤网胃前壁，也可损伤其后壁或侧壁以及肝、脾等，但常因网胃的收缩运动，从后底部开始往前方推进，此时前后壁间（其纵径）要比左右壁间（即其横径）距离小得多，而且所谓后壁仅仅是由较低的瘤网柱构成而与瘤胃相隔，以及尖锐异物的长度等因素，都是构成尖锐金属异物易损伤网胃前壁或前侧方器官和组织的具体条件。

被机械性损伤的部位，遭受细菌的感染而发炎。因致伤的部位不同，或引起创伤性网胃炎，或成为创伤性网胃—腹膜炎，或进而引起创伤性网胃—腹膜—心包炎。

由于网胃、腹膜及附近器官被损伤发炎，而使病畜表现各种缓解疼痛的异常姿态，并可引起长时间的消化不良，呈现明显的前胃弛缓症状。毒素和炎性产物被吸收后，又可引起发热，甚至造成败血症而死亡。

（三）症状

在正常的饲养管理条件下，患畜突然呈现前胃弛缓症状。精神沉郁，食欲、反刍障碍，鼻镜干燥，呻吟。瘤胃蠕动音减弱，次数减少，常有慢性瘤胃臌气，磨牙现象。触诊瘤胃内容物黏硬，按前胃弛缓治疗，特别是应用前胃兴奋剂后，病情不但不见好转，反而更加恶化。

触诊网胃时，表现疼痛不安，后肢踢腹，呻吟，或躲避检查，有的病牛表现不明显。

病初体温升高，脉搏增快，以后体温虽然逐渐恢复正常，但脉数仍逐渐增多，白细胞的总数增多，核左移。

由于消化紊乱，病畜逐渐消瘦，乳牛奶量减少或停止。

当异物造成膈穿孔或损伤心包、肺、或肝时，则病程迅速，而且出现一系列症状，如刺伤心肌，则有肌肉震颤、出汗、心动急速、节律不齐等症状，若刺伤肝、脾、肺等脏器，则引起这些脏器的脓肿，呈现弛张热型、白细胞增多等症状，且多预后不良。

（四）诊断

该病的早期诊断甚为重要，按照常规，根据病史，临床上突然发生前胃弛缓，疼痛不安和异常姿态，肘头外展，按前胃弛缓治疗无效，反而恶化以及金属探测器等的判定，可以作出诊断。

病牛呈现顽固性的前胃弛缓症状。精神沉郁，食欲减退或废绝，反刍缓慢或停止，鼻镜干燥，磨牙呻吟。瘤胃蠕动减弱或消失，瘤胃内容物松软或黏硬。病程绵延，久治不愈。

随着病情的进展，逐渐呈现网胃炎的症状。病牛的行动和姿势异常，站立时，肘头外展（图5-28），多取前高后低姿势；运动时，步样强拘，愿走软路而不愿走硬路，愿上坡而不愿下坡；卧地时表现非常小心；起立时多先起前肢（正常情况下是先起后肢）。网胃触诊，疼痛不安，抗拒检查。

图5-28 病牛肘头外展

体温多升高到40~41℃，脉搏增数。最近根据国外报道，在临床上进行腹水检查（颜色，气味，细胞分类、计数），在确定创伤性网胃炎诊断中是个有价值的辅助方法，所获得的资料，比从血液的白细胞分类、计数所提供的资料要可靠得多。其判断标准是：① 腹水多，并且是病理性的（混有血液，混浊、恶臭，有白细胞），很可能是创伤性网胃炎，即可早期施行手术，以提高治愈率。② 抽出黏脓性腹水是局限性或弥散性腹膜炎的主要特征，根据病情即可采取适当的措施。

（五）治疗

根本的疗法是早期手术，摘除异物。但创伤性网胃炎经常伴发创伤性心包炎，由心包取出异物一般效果还不够理想。

1. 保守疗法

可让病牛安静休息，保持前高后低的姿势站立，同时大剂量应用抗生素（如青霉素和链霉素合用等）或磺胺类药物，以控制炎症的发展。

2. 根治方法

早期实行瘤胃切开术，取出异物。结合消炎，应用抗生素或磺胺类药物，控制炎症发展，同时采取对症治疗（但禁用大量泻剂和能引起网胃收缩的各种药物），但多数病例，如不除去异物，则终致死亡。

急性病例一般首先采用保守疗法，包括投服磁铁、注射抗生素和限制活动，以固定金属异物、控制腹膜炎和加速创伤愈合。其他对症疗法，如给予流质食物、促反刍剂、补充钙剂及其他电解质。出现脱水和已发生碱中毒时，可实施液体疗法并经口或静注给予氯化钾（每次 30~60 克，每日 2 次）。重度碱中毒动物应避免使用碱性促反刍剂。保守疗法应在 48~72 小时内判定疗效，若动物开始采食、反刍和泌乳，则预后良好；若病情没有改善或食欲和瘤胃活动时好时坏，可考虑实施瘤胃切开术。投服磁铁后，磁铁首先进入瘤胃，然后通过有效的瘤胃—网胃收缩将磁铁送达网胃并吸附固定金属异物。所以，若瘤胃处于停滞状态，则磁铁难以到达预定位置。病畜出现症状时若体内已放置磁铁，宜及早进行剖腹术和瘤胃切开术，这种情况见于金属异物太长（>15 厘米）或不能为磁铁吸附者，如铝针。剖腹后若发现瘤胃或网胃已发生明显粘连，最好不要触摸以防腹膜炎扩散。打开瘤胃后需仔细探查整个网胃并取出刺伤网胃的金属异物（可能仅部分存留在网胃内）。

抗生素治疗至少应持续 3~7 天以确保完全控制局灶性网胃腹膜炎和防止创伤部位发生脓肿。青霉素 G、头孢噻呋、氨苄青霉素、四环素已成功地应用于上述治疗。

亚急性或慢性发病动物已出现顽固性厌食，脱水、重度碱中毒时应及早进行液体疗法、抗生素疗法和瘤胃切开术，仅用保守疗法难以治

愈。通常还需瘤胃转宿、补充钙剂和长期的抗生素治疗。

（六）预防

本病治疗比较困难，因此，必须积极从预防着手，首先教育饲养人员，说明本病的发生原因及其危害性，加强责任感，饲喂前要检查饲料或在饲料加工过程中，随时注意挑出异物，放牧时，应远离建筑工地或堆放物品的场地，以避免吞食异物。

兽医人员有责任告诫畜主给所有已达繁殖适龄或1岁的青年母牛预防性地投服强磁铁。因创伤性网胃腹膜炎丧失一头性能优良的奶牛是不可原谅的。令人担忧的是在临床上金属器具病仍极为普遍，每年有许多奶牛因畜主"疏忽"投置磁铁而导致死亡。虽然偶见投服的磁铁随粪排出或丧失磁性，但本法仍是目前预防本病的主要手段。磁铁的效果是相当明显的，在屠宰场可发现前胃中的金属异物在磁铁上紧密排列并被紧紧吸附。购置磁铁时应用铁器进行检查，选购优质的磁铁投服。

建议在饲料自动输送线或青贮塔卸料机上安装大块电磁铁板（有商品出售），以除去饲草中的金属异物。该方法在使用自动饲料输送线的大型农场中非常有效，每年可吸附几十磅尖锐的金属异物。

加强饲养管理。牛舍内外禁止散放金属异物，不到金属厂矿附近放牧，饲草过筛，除去金属异物。也可定期向瘤胃内投放磁棒，吸除网胃内金属异物。

参考文献

[1] 范作良，等.家畜解剖.北京：中国农业出版社，2001.

[2] 董常生，等.家畜解剖学.北京：中国农业出版社，2001.

[3] 杨效民，等.奶牛健康养殖大全.北京：中国农业出版社，2011.

[4] 孙国强，等.简明养牛手册.北京：中国农业大学出版社，2002.

[5] 王加启.现代奶牛养殖科学.北京：中国农业出版社，2006.

[6] 陈幼春，等.实用养牛大全.北京：中国农业出版社，2007.

[7] 肖定汉.牛病防治.北京.中国农业大学出版社，2000.